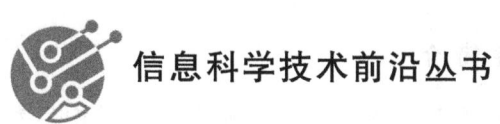

信息科学技术前沿丛书

水鸟蹼助水面短距起飞机理与仿生研究

黄晋国　周宇涵　梁建宏　著

北京邮电大学出版社
www.buptpress.com

内容简介

本书以鸬鹚水面短距起飞机理为核心,系统研究其扑翼与脚蹼协同推进的动力学特性,为仿生水空跨域航行器设计提供科学支撑。针对水空介质转换中密度骤变、能量损耗及控制失稳等难题,本书融合生物力学、流体力学与工程学方法,结合实验观测、CFD仿真与流固耦合技术,定量解析鸬鹚扑翼准定常片元模型及脚蹼周期性拍水的非定常流场特征,揭示升阻力动态耦合机制与冲量贡献规律。本书创新性提出骨骼蒙皮变形算法,构建柔性脚蹼高拟真流固耦合平台,模拟生物软组织大变形与流体响应的双向作用,阐明脚蹼波动减阻与姿态自调整机理。

本书研究进一步设计拮抗式仿生脚掌样机,验证了鸬鹚脚蹼基于阻力推进与升力优化的运动策略,揭示其水面起飞初期脚蹼拍击的关键作用及流体能量高效转化规律。书中总结出水空两栖生物进化折中机制(如外形变体、多维适航技术),并通过数值模拟复现鸬鹚短距起飞过程,为跨域航行器辅助动力系统与变体设计提供理论依据。

本书适用于仿生机器人、航空航天及流体力学领域的研究者与工程师,兼具理论深度与工程应用价值。通过解析自然生物跨介质运动的物理本质,为突破水空转换技术瓶颈、推动军事部署与智能城市安防创新提供科学参考,实现了生物机理与工程技术的深度交叉融合。

图书在版编目(CIP)数据

水鸟蹼助水面短距起飞机理与仿生研究 / 黄晋国,周宇涵,梁建宏著. -- 北京:北京邮电大学出版社,2025. -- ISBN 978-7-5635-7644-9

Ⅰ.V212.1

中国国家版本馆 CIP 数据核字第 20255EZ798 号

| 策划编辑:陶 恒 | 责任编辑:满志文 | 责任校对:张会良 | 封面设计:七星博纳 |

出版发行:北京邮电大学出版社
社　　址:北京市海淀区西土城路 10 号
邮政编码:100876
发 行 部:电话:010-62282185　传真:010-62283578
E-mail: publish@bupt.edu.cn
经　　销:各地新华书店
印　　刷:保定市中画美凯印刷有限公司
开　　本:720 mm×1 000 mm　1/16
印　　张:11
字　　数:206 千字
版　　次:2025 年 8 月第 1 版
印　　次:2025 年 8 月第 1 次印刷

ISBN 978-7-5635-7644-9　　　　　　　　　　　　　　定　价:69.00 元

·如有印装质量问题,请与北京邮电大学出版社发行部联系·

前　言

随着现代军事与城市安全需求的不断演进,具备空中与水下双重机动能力的水空跨域航行器正在成为突破传统装备性能瓶颈的研究热点。相比一般飞行器仅在空域活动或常规潜航器只能在水下移动的局限,水空跨域航行器能够在空中高速机动与水下深度隐蔽之间迅速切换,大幅提升多维度、多空间的任务适应性。在复杂海战场环境中,该类装备可利用非常规跨介质机动能力,实现灵活部署与战术突破;在城市智能化建设进程中,则可以兼顾应急救援、环境监测以及安防侦察等多场景需求,其应用前景极为广阔。然而,要实现水空两种截然不同介质的无缝转换,仍面临诸多技术挑战:水气密度差异导致能量输出与控制策略难以兼顾,气液界面产生的液膜拖拽对飞行姿态稳定构成严重威胁,以及非定常三相耦合作用引起的能量损耗与流场扰动等,往往难以通过简单的动力冗余和机械机构增设来圆满解决。

自然界中拥有"水空两栖"能力的生物为这一跨介质装备的研究提供了宝贵灵感。飞鱼、飞乌贼、蛇怪蜥蜴等生物均展现出短暂跨越介质界面的能力,尤为突出的当属鸬鹚,它在拥有高密度身体与强吸水羽毛的情况下,仍可在极短水面滑行距离内迅速振翅起飞。鸬鹚的高效起飞背后,既依赖脚蹼在初始阶段提供强有力的拍击助推,又利用扑翼气动力实现飞行中的姿态调整和升力获得,展现了自然界在"密度与浮力""柔韧结构与动力输出"以及"局部推进与全局控制"等多层面进化出的卓越适应性。这种"低能耗、高灵活"运动模式对于水空跨域航行器如何在短时间内冲破水面并顺利进入空中飞行具有重要的启示意义。

针对这一背景,本书立足于仿生学与工程学的交叉点,选取鸬鹚作为研究对象,系统探究其水面起飞的生物力学本质及关键机制。通过对鸬鹚运动学特征的实测与数据捕捉,分析脚蹼在水面拍击产生的非定常水动力及涡流结构;并以计算流体力学(CFD)与流固耦合(FSI)为主要工具,发展骨骼蒙皮变形和混合重叠网格等方法,对鸬鹚脚蹼的三维大变形和复杂流体相互作用进行高拟真数值模拟。同时,本书还结合拮抗式机构设计思路,构建了仿生脚掌样机试验平台,以实物验证鸬鹚脚蹼拍动在水空跨越过程中的有效性。最后，在比较生物学、流体仿生学以及机械工程综合视角下，本书不仅深入解析了鸬鹚短距高速起飞的动力学奥秘，更力图为未来水空跨域航行器的结构设计、参数优化和控制策略提供科学依据与工程化参考。

全文共分 7 章，围绕鸬鹚水空跨域运动的生物机理、数值模拟、仿生设计三大主线展开，层层递进，兼顾理论深度与工程实用性。第 1 章重点讨论了扑翼运动的描述方法和基于准定常片元法的瞬时扑翼力计算步骤，给出了详细的空气动力建模过程，为后续动力学研究提供力学模型。第 2 章通过分析后肢力在水面起飞中的重要作用，比较不同水上生物的行走机理，类比蛇怪蜥蜴的脚蹼力模型，推导出鸬鹚脚蹼力的水动力学建模方案，并利用 D-H 矩阵与雅各比矩阵关联鸬鹚腿部关节角度与脚蹼运动中心位移及速度，为后面的仿真提供运动学支撑。第 3 章通过对鸬鹚水面起飞视频的关键数据捕捉与处理，得到腿部关节角度、扑翼扑动角以及水平和竖直位移，为验证仿真模型提供了输入输出数据。第 4 章概括了水空跨域自然界生物的多模式运动原理，分析了生物在多模式运动中折中与权衡的进化机制，并基于鸬鹚的形态学及运动机理研究，确定了水空跨域航行器的仿生可行性及关键技术方向。第 5 章利用数值模拟与 CFD 方法对鸬鹚出水过程的气、液两相流动及载荷特性开展研究，为水空跨域航行器出水控制规律的制定提供理论支撑，并总结了影响鸬鹚快速起飞的 3 个要素。第 6 章提出了脚蹼固体动力学方程与非定常流体力学方程耦合的一体化求解模式，结合动态网格方法与骨骼蒙皮算法，研究了非均匀流场对鸬鹚脚蹼柔性运动的影响，验证了其在游泳及起飞姿态调整中的有效性。第 7 章基于鸬鹚蹼足骨骼和发力特点，设计了仿鸬鹚蹼足推进机构，通过实测与前述流固耦合数值结果印证了脚蹼基于升阻力机制和柔韧波动减阻的运动原理，并将扑翼和脚蹼拍水力学模型推广应用于大密度水鸟起飞过程，为跨域航行器的设计和参数选取提供参考依据。

本书的主要特点体现在以下 4 个方面。首先，研究过程中实现了跨学科的深度交叉，打破了生物学、流体力学和机械工程的学科壁垒，将鸟类运动学、计算流体动力学（CFD）、流固耦合（FSI）与仿生机器人技术有机融合，如通过多尺度、多物理场的协同分析，在 CFD 涡动力学分析中内嵌有限元柔性体求解。其次，在方法创新与技术突破上，针对生物运动的高非线性与介质突变难题，提出了骨骼蒙皮变形算法、动态重叠网格技术以及拮抗式机构设计三大原创技术，分别解决了柔性软组织模拟、复杂运动边界高精度捕捉、自然生物推进-减阻双模态复现等难题。再次，作者构建了"机理-模型-验证"的闭环体系，通过仿生样机试验定量验证进化折中理论,形成拍频优化曲线、攻角阈值范围等工程化设计参数,实现了理论到实践的有效转化。最后,书中还提炼出一套工程导向的普适性框架,从能量分段优化策略、变体-控制协同准则及生物-工程映射模型三个层面,将生物运动的关键参数(如弗劳德数、衰减频率)与跨域航行器性能指标(推重比、变体速率等)建立起关联方程,为水下-空中跨域装备的研发提供了可扩展的方法论支撑。

由于作者水平有限,书中的不足之处在所难免,恳请广大读者批评指正。

作　者

目　　录

第1章　扑翼力建模 ·· 1
　1.1　鸟类飞行运动理论 ··· 1
　　1.1.1　鸟类翼型结构 ·· 1
　　1.1.2　鸟类扑翼运动学介绍 ·· 4
　　1.1.3　空气动力学参数 ·· 5
　　1.1.4　现有理论研究 ·· 5
　1.2　鸟类扑翼力建模 ·· 6
　　1.2.1　扑翼运动学描述 ·· 6
　　1.2.2　片条理论 ·· 9
　　1.2.3　扑翼空气动力学计算 ·· 10
　1.3　本章小结 ··· 17
第2章　脚蹼力建模 ·· 18
　2.1　后肢力在起飞力学中的作用 ·· 18
　　2.1.1　陆地起飞 ·· 18
　　2.1.2　水面起飞 ·· 19
　2.2　不同机理的水面生物比较 ··· 20
　　2.2.1　昆虫类生物水面行进 ·· 21
　　2.2.2　大型水面行走生物 ··· 22
　　2.2.3　鸊䴘水面行进机理研究 ··· 22
　　2.2.4　蛇怪蜥蜴水面行走机理描述 ·· 23
　　2.2.5　鸊䴘脚蹼与蛇怪蜥蜴脚蹼相似性 ······································ 24
　　2.2.6　蛇怪蜥蜴不同阶段的受力假设 ··· 25
　　2.2.7　鸊䴘单周期脚蹼力模型 ··· 26
　2.3　鸊䴘脚蹼运动学模型 ·· 27
　　2.3.1　鸊䴘脚蹼与扑翼耦合关系分析 ··· 27
　　2.3.2　鸊䴘腿部运动简化模型 ··· 28

2.3.3 鸬鹚腿部坐标系建立 ………………………………………… 30
   2.3.4 腿部D-H矩阵分析 …………………………………………… 30
   2.3.5 腿部雅各比矩阵分析 ………………………………………… 32
  2.4 本章小结 ……………………………………………………………… 33

第3章 鸬鹚起飞运动数据捕捉 ………………………………………… 34
  3.1 动作捕捉方法和工具 ………………………………………………… 34
  3.2 腿部关节角度值的捕捉 ……………………………………………… 38
   3.2.1 捕捉方法 ……………………………………………………… 38
   3.2.2 数据处理 ……………………………………………………… 39
   3.2.3 轨迹图 ………………………………………………………… 41
  3.3 扑翼扑动角的捕捉 …………………………………………………… 41
   3.3.1 捕捉方法 ……………………………………………………… 42
   3.3.2 数据处理 ……………………………………………………… 43
  3.4 位移的捕捉 …………………………………………………………… 45
   3.4.1 捕捉方法 ……………………………………………………… 45
   3.4.2 数据处理 ……………………………………………………… 47
   3.4.3 轨迹图 ………………………………………………………… 48
  3.5 本章小结 ……………………………………………………………… 49

第4章 鸬鹚生物学形态和运动学推进研究概述 ……………………… 50
  4.1 引言 …………………………………………………………………… 50
  4.2 水空两栖生物进化折中权衡机制 …………………………………… 51
   4.2.1 水空跨介质形态和功能进化权衡 …………………………… 51
   4.2.2 水陆两栖水鸟运动能力的进化折中 ………………………… 53
  4.3 典型水空两栖生物水空跨介运动 …………………………………… 55
   4.3.1 水空跨介质生物的推进机理 ………………………………… 55
   4.3.2 水下冲击出水（冲量型） …………………………………… 58
   4.3.3 水面滑跃起飞（动量型） …………………………………… 60
  4.4 鸬鹚的形态学及运动机理研究 ……………………………………… 63
   4.4.1 鸬鹚生物阶元分类 …………………………………………… 63
   4.4.2 水鸟后肢力学研究 …………………………………………… 65
   4.4.3 脚蹼作用及力学分析 ………………………………………… 67
   4.4.4 鸬鹚的蹼助起飞机理 ………………………………………… 68
  4.5 本章小结 ……………………………………………………………… 70

目 录

第5章 鸬鹚蹼助水空转换推进机理及运动分析 …… 72
5.1 引言 …… 72
5.2 数值模拟模型介绍 …… 73
5.2.1 生物飞行和游泳的数值模拟方法 …… 73
5.2.2 物理模型 …… 76
5.2.3 网格处理方法 …… 77
5.3 运动及轨迹处理方法 …… 80
5.3.1 记号介绍 …… 80
5.3.2 数据轨迹处理方法 …… 82
5.3.3 轨迹点数据结果 …… 84
5.3.4 刚体运动计算方法 …… 84
5.4 计算结果分析 …… 88
5.4.1 鸬鹚水面起飞运动学描述 …… 88
5.4.2 鸬鹚水面起飞流场结果 …… 90
5.4.3 鸬鹚水面起飞蹼助推进动力学分析 …… 92
5.5 本章小结 …… 95

第6章 仿生骨骼蒙皮的流固耦合作用机理分析 …… 96
6.1 引言 …… 96
6.2 流固耦合计算模型 …… 98
6.2.1 数值方法 …… 98
6.2.2 几何模型 …… 100
6.2.3 网格 …… 101
6.3 脚掌拍动流固耦合结果 …… 102
6.3.1 柔性脚掌拍动受力分析 …… 102
6.3.2 脚掌流固耦合运动速度与压力分布 …… 104
6.3.3 脚掌流固耦合动力学分析 …… 106
6.4 脚掌波动推进模型 …… 108
6.4.1 脚掌波动运动描述 …… 108
6.4.2 脚掌波动运动拟合 …… 113
6.4.3 三维表面网格的骨骼权重分布 …… 117
6.4.4 三维表面网格的重构和优化 …… 119

6.5 流体力学数值模型 ……………………………………………… 121
　6.5.1 几何模型及数学模型 ……………………………………… 121
　6.5.2 波动运动学结果分析 ……………………………………… 121
　6.5.3 波动动力学结果分析 ……………………………………… 123
6.6 本章小结 ………………………………………………………… 126

第7章 仿生样机系统集成及运动机理试验验证 …………………… 127
7.1 引言 ……………………………………………………………… 127
7.2 仿鸬鹚脚掌样机系统设计与集成 ……………………………… 128
　7.2.1 仿生关节驱动系统设计 …………………………………… 128
　7.2.2 仿生关节驱动系统模块组成 ……………………………… 130
　7.2.3 主要模块组成框架 ………………………………………… 130
　7.2.4 软体蹼面蒙皮的仿生学材料分析 ………………………… 132
7.3 仿生样机水面/水下运动流体动力学分析 …………………… 133
　7.3.1 测试原理与平台搭建 ……………………………………… 133
　7.3.2 仿生样机水面/水下拍动测量结果 ……………………… 136
　7.3.3 动力学结果分析与误差讨论 ……………………………… 137
7.4 鸬鹚水面起飞过程动力学建模 ………………………………… 139
　7.4.1 扑翼力模型 ………………………………………………… 140
　7.4.2 脚蹼力模型 ………………………………………………… 144
　7.4.3 脚蹼运动学模型 …………………………………………… 145
7.5 鸬鹚的动力学模型仿真结果及验证 …………………………… 149
　7.5.1 模型框架 …………………………………………………… 149
　7.5.2 具体模块设计 ……………………………………………… 150
　7.5.3 仿真结果 …………………………………………………… 152
　7.5.4 运动参数的影响 …………………………………………… 153
7.6 本章小结 ………………………………………………………… 156

参考文献 ……………………………………………………………… 157

第 1 章 扑翼力建模

本章将从鸟类飞行运动理论的角度出发,探究鸟类扑翼飞行的特征、重要影响参数以及扑翼空气动力学的发展,还将探讨扑翼研究的方法,并采用准定常片元法对鸱鹠起飞时的扑翼力进行分析。同时,将详细讨论鸱鹠起飞过程中扑翼运动的变化,以及影响扑翼力的重要运动和外形参数。最后,本章将给出针对鸱鹠起飞过程中扑翼运动的曲线的具体定义以及通过准定常片元法分析得到的扑翼力学模型。

1.1 鸟类飞行运动理论

随着时代的进步,流体力学的发展和现代科学计算机的换代及广阔运用使得分析鸟类空气动力学更为高效和快捷。本节将讨论鸟类翼型的几何构成和运动学的详细描述,还将探讨一些重要的空气动力学参数以及当前鸟类飞行研究的一些常用理论。

1.1.1 鸟类翼型结构

鸟类要实现空中飞行,必须通过其翅膀的扑动来产生足够抵消重力影响的升力和抵消阻力影响的推力,其特殊的翼型结构为其产生满足需要的空气动力提供了可靠的基础。同时了解鸟类翅翼构造以及在整个扑动周期中的变化模式对研究扑翼产生升力机理有着重要的参考和借鉴价值。

1. 鸟类翅膀尺寸

如图 1.1 所示,鸟类翅膀尺寸一般与鸟类体型大小和其重量有关,鸟类的体形越大,其尺寸也会相应增大。表征翅膀尺寸有几个参数:翼面积 S、翼展 B、翼型弦长 c 以及展弦比 AR。

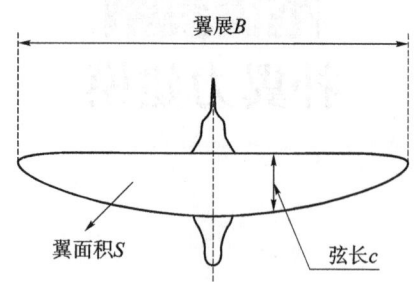

图 1.1　鸟类翅膀尺寸参数[1]

图 1.2 所示为一些鸟类的翅膀形状,一般来说展弦比越大,那么鸟类将拥有较为长和窄的翅膀,比如信天翁和一些海鸥,其展弦比可以达到 10 到 13 之间;若展弦比越小,那么这类鸟的翅膀一般是较短和宽的,比如鹌鹑的展弦比约为 1.8[2]。

图 1.2　一些鸟类的翅膀形状

2. 尺度效应

对于各类不同的鸟类,其在空中飞行时翅膀的翼展、翼面积、展弦比和翼载荷和与其身体质量成一定关系,这种关系被称为鸟类的尺度效应。这种规律揭示了不同鸟类的进化的统一特性,可以初步指定出一个仿生鸟类机器人的设计指标,对原理样机的设计有很重要的指导意义。表 1.1 列出了大部分鸟类身体质量与尺度效应参数。

表 1.1　鸟类身体质量与尺度效应参数[3]

类别	翼展/m	翼面积/m^2	翼载荷/(N/m^2)	展弦比	最小功率速度/(m/s)	最大速度范围/(m/s)	最小功率/W	最低运输消耗	扑翼频率/Hz
量纲分析	$m^{0.33}$	$m^{0.67}$	$m^{0.33}$	$m^{0.00}$	$m^{0.17}$	$m^{0.17}$	$m^{0.17}$	$m^{0.00}$	$m^{-0.33}$
鸟类	—	—	—	—	$5.7\,m^{0.06}$	$15.4\,m^{1.10}$	$10.9\,m^{0.19}$	$0.21\,m^{-0.07}$	$3.87\,m^{-0.33}$
鸟类除蜂鸟	$1.17\,m^{0.39}$	$0.16\,m^{0.72}$	$62.2\,m^{0.28}$	$8.56\,m^{0.06}$	—	—	—	—	$3.98\,m^{-0.27}$
蜂鸟	$2.24\,m^{0.53}$	$0.69\,m^{1.04}$	$14.3\,m^{-0.04}$	$7.28\,m^{0.02}$	—	—	—	—	$1.32\,m^{-0.60}$

3. 鸟类翅膀骨骼结构

图 1.3 所示为鸟类翅膀的透视图。鸟类翅膀的骨骼占整个翅膀的比例很小，翅膀大部分被丰满的羽毛所覆盖，为减小身体的质量，鸟类翼骨还采用了空心结构，以避免产生多余的重力。在整个扑动周期中，骨骼上的关节绕体轴旋转带动整个翼面做扑动运动，同时还沿骨骼纵向扭转，使翼面发生俯仰，以此来调整扑翼与相对来流的位置关系，从而快速达到产生高升力的效果。

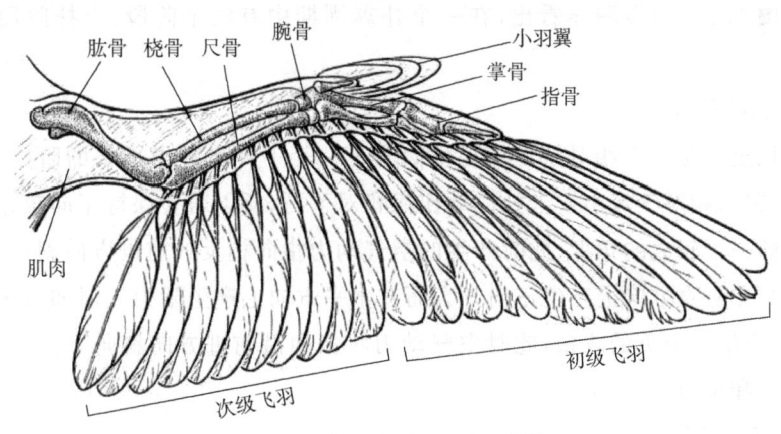

图 1.3　鸟类翅膀的透视图[4]

4. 鸟类翅膀羽毛

鸟类特殊的羽毛种类和其柔性特征是让鸟类能够在空中翱翔的重要因素。其中初级飞羽和次级飞羽构成羽毛中最重要的组成部分，在周期性扑翼运动中，下扑运动是鸟类翅膀产生升力和推力的最重要部分，这期间鸟类羽毛闭合以推动气流产生更大的空气动力,上扑阶段产生的负空气动力会抵消一部分下扑期间产生的动量,所以在这个阶段羽毛会张开,从而使上下气流相通以此来减少上扑阶段的阻力。同时,羽毛的柔软性也让翼型沿展发生展向和弦向的被动柔性变形,这种被动柔性变形让鸟类在飞行过程中的升力和推力有一定改善和提高[5]。

1.1.2　鸟类扑翼运动学介绍

鸟类在飞行中,为了产生与重力相对的升力和与空气阻力相对的推力,会连续扑动翅膀,这种扑翼运动具有明显的周期性特征。图 1.4 所示为鸟类一个扑动周期内的翼型变化。

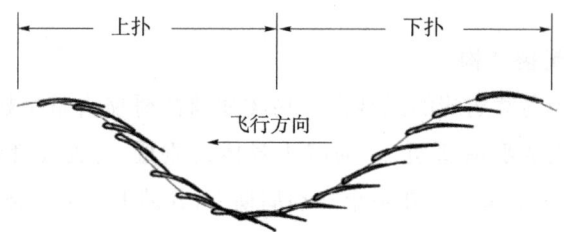

图 1.4　鸟类一个扑动周期内的翼型变化[4]

从图 1.4 中可以明显看出,在一个扑翼周期中有两个阶段:上扑阶段和下扑阶段。

1. 上扑阶段

上扑过程是一个相对恢复扑动角而为下一个下扑过程做准备的阶段,在这个阶段里,因为相对气流由于上扑的动作而相对下行,所以若要保持正向攻角则需要翼面俯仰一个较大的角度,此时产生的空气动力指向相反的前进方向斜向后位置,所以将会在竖直方向上产生正向升力而在水平方向上产生阻力。但如果俯仰角较小,则会产生一个负的攻角,此时空气动力将指向沿前进方向斜向下位置,将会产生负升力和推力。

2. 下扑阶段

下扑过程是鸟类产生升力的主要过程,在这个过程中,相对气流与弦线的攻角总是为正值,并且产生的空气动力指向鸟类飞行的斜向上方向,从而在竖直方向和水平方向有正向升力和推力分量,所以此阶段是整个扑翼周期中最重要的运动阶段。同时,翼面俯仰角也会调整到相应扑动的方向以保证附着流动[6]。

1.1.3 空气动力学参数

由于鸟类扑翼运动的问题是一个非定常空气动力学问题,所以需要一些表征其非定常程度的重要参数进行参考[7]。

1. 雷诺数

雷诺数是在流体力学中用来帮助预测在不同流动条件下的流体状态的无量纲数,多用于判断流体运动是否为层流或紊流。

$$Re = \frac{\rho u L}{\mu} \tag{1.1}$$

式中,ρ 为流体密度,单位为 kg/m^3;u 为流体相对物体流动速度,单位为 m/s;L 为特征线性长度,单位为 m;μ 为流体的动态黏度,单位为 $kg \cdot m/s$。

2. 衰减频率

衰减频率是用来表征非定常空气动力学和气动弹性力学的无量纲数,用来定义流体力学问题中的非定常流动的程度[8]。

$$k = \frac{\omega c}{2V} \tag{1.2}$$

式中,ω 为扑翼运动中扑动角的角速度,单位为 rad/s;c 为机翼的几何弦长,单位为 m;V 为来流速度,单位为 m/s。

不同范围内的衰减频率对应的流体非定常程度不同,如表 1.2 所示。

表 1.2 衰减频率与流体状态对应关系[9]

状态	衰减频率范围
定常状态空气动力学	$k = 0$
准定常状态空气动力学	$0 \leqslant k \leqslant 0.05$
非定常状态空气动力学	$k > 0.05$($k > 0.2$ 时属于高度非定常状态)

1.1.4 现有理论研究

现下扑翼空气动力学研究有以下几种常用方法,面元法、N-S 方程求解法以及准定常模型法等。

1. 面元法

面元法是基于计算流体力学(Computational Fluid Dynamics,CFD)的发展而

产生的,在面元法中,利用偶极子和布局涡的方式来进行扑翼运动的分析,可以利用这个方法计算任意扑翼形状的气动力。

2. 求解纳维叶斯托克斯(N-S)方程

由于扑翼运动是一个非定常运动,所以采用 N-S 方程去求解其运动变化将会得到较为接近现实的结果,但是这两种方法在使用时需要画相应的网格,然后在求解时需要较长时间,所以为了揭示鸬鹚起飞过程中的趋势,本书将采用准定常模型法去分析鸬鹚水面短距起飞的气动力。

3. 准定常模型法

准定常模型法是指将扑翼每一时刻的运动视为定常运动,将其等效于定常条件下固定翼机翼的空气动力学问题去求解。当求解出每一时刻的气动力后,再将其积分合成,则可解出时间域内气动力随时间的变化曲线。采用准定常模型法去求解扑翼的气动力,相当于将扑翼力简化,可以得出扑翼力变化的简单趋势,它的优点在于快速简洁,对于模型精确程度不需要特别高时可以节省大量的计算时间,给分析模型带来了极大的便利。

1.2　鸟类扑翼力建模

本节将通过定义扑翼运动的几个重要运动参数,来描述扑翼的运动学方程;然后在准定常假设的条件下,研究如何利用片条理论将翼面沿展向微分,再针对每个翼面微元来计算各部分所受到的瞬时气动力,再将其进行积分从而计算出每个时刻鸬鹚完整翼面所受到的瞬时非定常空气动力,并对得到的扑翼气动力进行详细讨论。

1.2.1　扑翼运动学描述

1. 鸟类飞行翅膀几何参数

在鸟类飞行中有一些重要的几何参数,其对气动力的产生有很大的影响,所以下面将探讨这些几何参数的物理意义和数学表达式[1]。

(1) 翼展

鸟类的翼展在飞行计算中是最重要的形态学参数,其值等于鸟类完全展开其双翅时从一边翼尖到另一边翼尖的距离。

(2) 翼面积

翼面积是鸟类飞行动力产生的基础,其值等于双翼上表面积与双翼之间鸟体背部表面积之和。

(3) 弦长

弦长在现代机翼理论中是一个表征机翼前缘到机翼后缘距离的量。其值在鸟类翅膀中不唯一,一般在翼根处最大,在翼梢处最小,并接近于零。其中,平均弦长在鸟翼中是唯一的其值等于翼面积与翼展的比值。

(4) 展弦比

展弦比是翼展与平均弦长之比,是描述鸟翼外形的一个参数。

翼面积的测量一般情况下较为困难,其测量准确度也低于翼展。而在同属一个物种的鸟类中,翅膀形状几乎相同,其展弦比也近似相等。所以如果已知某一种鸟类的展弦比,则可通过展弦比计算公式对翼面积进行估计。

2. 扑翼运动学

如图 1.5 所示为鸟类扑翼运动的 3 种形式[6]。鸟类在扑翼运动中有 3 种主要运动[1,6],第一种是翅膀以体轴为中心轴周期性转动的扑动运动,这种扑动带有明显的周期性特征,可以近似等时长地分为上扑和下扑两个运动过程,其中下扑是产生扑翼升力和推力的最主要运动,而上扑则是恢复完成下扑后的扑动角,为下一周期的下扑做准备;第二种是翅膀以翼前缘骨骼为中心轴的周期性俯仰运动,鸟类通过这种俯仰运动不断变化翼面相对体轴的俯仰角,以改变相对来流与翼型弦线的相对攻角,从而改善气动状态,同时也依靠翼面的俯仰对身体方向上的滚转力矩进行调整,以保持身体的力矩平衡;第三种是翅膀以体轴为中心轴进行上下扑动,同时以肩关节为中心前后摆动的运动,但这种运动在展弦比较大的鸟类中比较少见,所以在此不做探讨[4]。

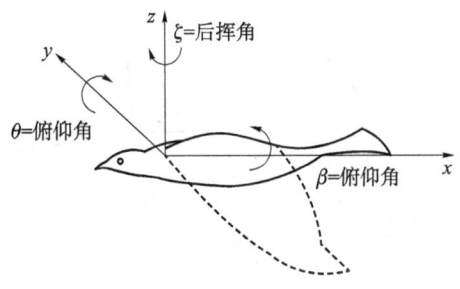

图 1.5 鸟类扑翼运动的 3 种形式[6]

(1) 扑动运动

扑动运动在鸟类整个周期运动中产生最主要的动力,同时与其他运动相比也拥有最大的自由度,典型的扑动角度范围在 40°~90°之间。其中,鸟类翅膀的拍打周期分为两部分:①鸟翼从最高点下行到最低点的下扑过程;②鸟翼从最低点恢复到最高点的上扑过程。

扑动角 β 是鸟类翼前缘与体轴所在平面的相对夹角,其中 $\dot{\beta}$ 和 $\ddot{\beta}$ 分别是扑动角 β 的角速度和角加速度,r 是翼前缘上一点到体轴的展向距离,可以用无量纲系数 $2r/B$ 表征。一般情况下,鸟类在一个周期内部左右扑动趋势相同,扑动角相等,所以在考虑扑动运动因素时可以只进行单边分析,并在最后进行叠加。图 1.6 所示为扑动运动描述参数。

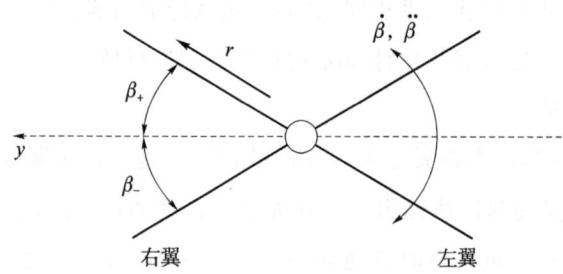

图 1.6 扑动运动描述参数[6]

(2) 俯仰运动

图 1.7 所示为俯仰运动参数。俯仰运动是指翼面绕翼前缘扭转以改变相对攻角和气动力矩的运动。在一个扑动周期中,由于上扑过程翼面朝上方移动,所以导致相对来流指向弦线斜下方,从而产生负攻角,为避免负升力导致鸟类下落,此时则需要调整俯仰角以保证翼面和相对来流的攻角为正值,所以俯仰运动保证了扑动的有效性以及降低了负升力产生的概率。

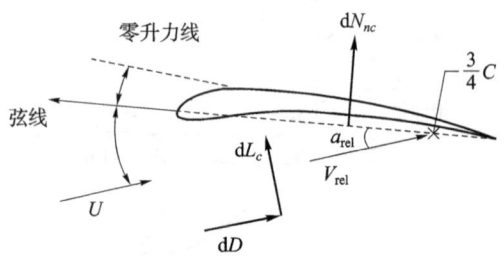

图 1.7 俯仰运动参数

俯仰角 θ 是沿展向任一点翼型弦线和体轴的夹角,$\dot{\theta}$ 和 $\ddot{\theta}$ 分别是俯仰角速度和俯仰角加速度。考虑到鸟类飞行过程中翼面具有展向柔性变形[10],将会导致沿展向的弦线不处于一个平面内,即不同 r 处其俯仰角不相同,用数学表达式表示为

$$\theta(r)=\frac{2r}{B}\theta_{\max} \tag{1.3}$$

式中,r 为翼展向上某点到体轴距离,单位为 m;B 为翼展,单位是 m;$\theta_{\max}$ 为俯仰角幅度,单位为 rad。

(3) 前后挥摆

前后挥摆是鸟类在扑翼运动中,在上下扑动翼面的同时,还会前后振翅,这种运动主要出现在准备起飞和降落后张开以及合拢翅膀的过程中。对于展弦比较小的鸟类,如蜂鸟,为保证重力和升力的周期性平衡,其在悬停时会产生这种运动,但在展弦比较大的鸟类的飞行中,这种运动几乎不会出现。

1.2.2　片条理论

片条理论是用于计算诸如直升机转子之类的移动翼或叶片的空气动力学的工具,但是也可以简单地应用于扑翼。在直升机分析中,片条理论是运用升力线理论对旋翼进行分析。但对于更一般的应用,片条理论可以对沿展向分割成若干个二维翼型的翼面或者薄膜翼型进行空气动力学研究。每个被分割的部分具有与其他部分不相同的翼型形状以及由该部分所决定的二维机翼运动,同时这种不同的运动还将导致每个被分割的部分有着各自的相对来流速度和攻角。分别通过对每个分割部分的空气动力学计算,再对各部分所得气动力进行积分,以求解扑翼的总气动力和总气动力矩。片条理论是一种可以在没有过于复杂的计算方法和较长的计算时间的情况下提供足以满足要求的计算结果的简单工具。

图 1.8 所示为片元法的翼面微元。对于使用片条理论探究扑翼运动的空气动力学研究,多伦多大学的 DeLaurier[11]假设扑翼运动是一个上扑和下扑时间相等正弦运动,通过俯仰角和扑动角参数计算了每个部分的相对来流速度和攻角,并考虑大展弦比机翼有限翼展的非定常影响,使用 Theodorsen 函数进行了修正,最后分析了其设计的大型仿翼龙扑翼机机翼俯仰角对扑翼飞行中推力和升力的影响。马里兰大学的 Harmon 利用片条理论对其设计的仿生扑翼机进行了研究和模型验证[6],其通过多个高速摄像机对扑翼机进行运动捕捉,将捕捉到的运动数据导入模型与实验数据相对比,同时还进行了 CFD 分析,发现片条模型在计算时间和复杂

度较少的情况下能够预测出较好扑翼力趋势。华南理工大学的陈亮参考 DeLaurier 的计算模型,针对其自行研制的扑翼机进行了仿真计算,同时与相应实验结果比较,发现两者有很好的相似性。

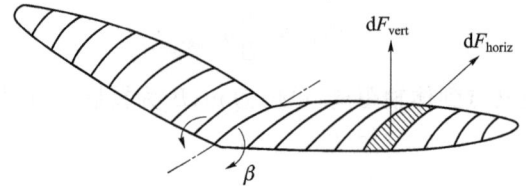

图 1.8　片元法的翼面微元

片条理论分析扑翼力,对于其中每个部分其受力表达式如下:

$$\mathrm{d}\boldsymbol{F} = \mathrm{d}\boldsymbol{L} + \mathrm{d}\boldsymbol{D} + \mathrm{d}\boldsymbol{N}_{nc} \tag{1.4}$$

式中,$\mathrm{d}\boldsymbol{L}$ 为该片元上升力,$\mathrm{d}\boldsymbol{D}$ 为该片元上阻力,$\mathrm{d}\boldsymbol{N}_{nc}$ 为作用在该片元上的附加质量力(由片元的非定常加速运动引起),表达式如下:

$$\boldsymbol{F} = \sum_{1}^{n} \mathrm{d}\boldsymbol{F} \tag{1.5}$$

式中,n 为被分割的数量。

1.2.3　扑翼空气动力学计算

本小节采用准定常假设下的片条理论对鸬鹚起飞过程扑翼进行力学模型建模和分析,假设前缘涡、动态失速以及尾迹的影响很小可以忽略,通过对扑翼运动的规定,求出每时刻每个片元的相对来流和相对攻角,同时考虑有限翼展对展向气流和非定常条件尾迹效应影响,对攻角进行修正。再通过修正后的运动数据,分别对片元上每时刻的升力、阻力以及附加质量力进行分析计算和积分,从而建立完整的扑翼力学模型。

1. 相对来流

对于鸬鹚这一类大展弦比鸟类,其在起飞过程中几乎没有发生前后挥动运动,所以针对这种情况,只讨论扑翼运动中的扑动角和俯仰角与相对来流和攻角的关系。

现规定符号如下,当翼面位于体轴平面上方时,扑动角角度值为正;当翼前缘位于体轴平面上方时,俯仰角角度值为正。图 1.9 所示为翼型与对地坐标关系。

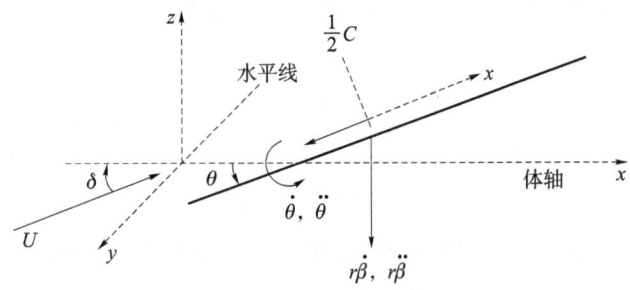

图1.9 翼型与对地坐标关系[6]

相对来流速度由水平来流速度,展向 r 处垂直体轴扑动线速度,以及 r 处 $\frac{3}{4}$ 弦长处俯仰线速度组成。

其中沿体轴方向相对来流速度为

$$V_{\text{relx}} = U\cos\delta + \frac{3}{4}\dot{\theta}\sin\theta \tag{1.6}$$

式中,U 为水平来流速度,δ 为体轴和水平来流速度的相对夹角,θ 为扑动角,即翼面在扑动过程中相对于体轴平面的上下摆动角度。当翼面位于体轴平面上方时,θ 取正值。

垂直体轴方向相对来流速度为

$$V_{\text{rely}} = U\sin\delta - r\dot{\beta}\cos\beta + \frac{3}{4}\dot{\theta}\cos\theta\cos\beta \tag{1.7}$$

式中,U 为水平来流速度,δ 为体轴和水平来流速度的相对夹角,θ 为扑动角。r 为翼展方向的位置,即从翼根(机翼与身体连接处)沿展向(翼展方向)到某一点的径向距离。β 为俯仰角,即翼绕前缘旋转的角度,当翼前缘位于体轴平面上方时,β 取正值。水平方向速度为

$$V_{\text{rel}} = \sqrt{V_{\text{relx}}^2 + V_{\text{rely}}^2} \tag{1.8}$$

式中,V_{relx} 为沿体轴方向的相对来流速度,V_{rely}^{10} 为垂直体轴方向的相对来流速度。

即

$$V_{\text{rel}} = \sqrt{\left(U\cos\delta + \frac{3}{4}\dot{\theta}\sin\theta\right)^2 + \left(U\sin\delta - r\dot{\beta}\cos\beta + \frac{3}{4}\dot{\theta}\cos\theta\cos\beta\right)^2} \tag{1.9}$$

2. 相对攻角

如图1.10所示,相对来流速度和体轴的夹角为 ϕ,公式表达如下:

$$\phi = \arctan\left(\frac{V_{\text{rely}}}{V_{\text{relx}}}\right) \tag{1.10}$$

式中，V_{relx} 为沿体轴方向的相对来流速度，V_{rely} 为垂直体轴方向的相对来流速度。

即

$$\phi = \arctan\left(\frac{U\sin\delta - r\dot{\beta}\cos\beta + \frac{3}{4}\dot{\theta}\cos\theta\cos\beta}{U\cos\delta + \frac{3}{4}\dot{\theta}\sin\theta}\right) \quad (1.11)$$

式中，U 为水平来流速度，δ 为体轴和水平来流速度的相对夹角，θ 为扑动角，β 为俯仰角。r 为翼展方向的位置，即从翼根（机翼与身体连接处）沿展向（翼展方向）到某一点的径向距离。

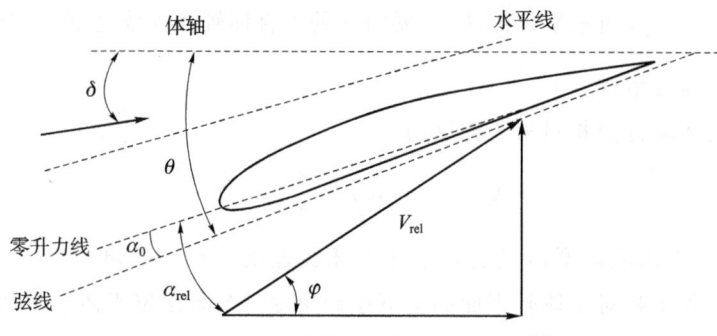

图 1.10　相对来流速度和相对攻角[6]

相对攻角是计算翼型在气流中升力系数的重要参数，在准定常条件下，扑翼被分割成不同二维翼型，由于这些部分的扑动角速度沿展向线性增大，同时俯仰角受展向柔性影响也会沿展向变化，所以这些二维翼型的相对攻角各不相同，需要对其分别计算。

对于展向 r 上的片元，其相对攻角等于：

$$\alpha_{rel} = \phi + \theta - \alpha_0 \quad (1.12)$$

式中，ϕ 为相对来流速度和体轴的夹角，α_0 为二维翼型的零升力线和其弦线的夹角。

在扑动过程中，使用片条理论模型进行分析需要考虑有限翼展的非定常尾涡效应，因为非定常运动会产生复杂的尾涡，所以需要对上述仅通过扑翼运动计算角进行修正。

对于有限翼展的二维翼型，Jones[12] 推导出非定常状态下的升力系数是：

$$\delta C_l = 2\pi C(k)\alpha \quad (1.13)$$

式中，α 为翼型在非定常流动中的有效攻角，$C(k)$ 为 Theodorsen 函数对有限翼展翼型的修正函数，Theodorsen 函数为对扑动和俯仰过程升力的损失的量化函数，其表征了在整个扑翼周期中，升力由于非定常状态而下降的参数。k 为衰减频率。因为 $C(k)$ 是一个复杂的函数，所以 Delaurier[11] 利用 Scherer 对大振幅扑动翼型推进力的研究将其简化为

$$C(k) = \frac{ARC'(k)}{2+AR} \quad (1.14)$$

式中，AR 为翼的展弦比（Aspect Ratio），即翼展与平均弦长的比值，$c'(k)$ 为复数形式的修正系数，可以分解为实部 $F'(k)$ 和虚部 $G'(k)$。

$$C'(k) = F'(k) + iG'(k) \quad (1.15)$$

式中，$F'(k)$ 为修正函数的实部，表征升力的幅值衰减。$G'(k)$ 为修正函数的虚部，表征升力的相位延迟。

$$F'(k) = 1 - \frac{C_1 k^2}{k^2 + C_2^2} \quad (1.16)$$

$$G'(k) = -\frac{C_1 C_2 k}{k^2 + C_2^2} \quad (1.17)$$

式中，C_1 和 C_2 为与展弦比 AR 相关的经验常数，用于调整修正函数。

$$C_1 = \frac{0.5AR}{2.32+AR} \quad (1.18)$$

$$C_2 = 0.181 + \frac{0.772}{AR} \quad (1.19)$$

同时考虑有限翼展尾涡而导致的下洗效应，由于下洗角 $\frac{w}{U}$ 是由 α_0 和 $\bar{\theta}$ 产生的平均升力所决定，所以下洗角在片条理论模型中被定义为[12]

$$\frac{w}{U} = \frac{2(\alpha_0 + \bar{\theta})}{2+AR} \quad (1.20)$$

式中，α_0 为二维翼型的零升力线与弦线的夹角。W 为下洗速度，即由翼尖涡引起的垂直气流速度分量，U 为水平来流速度。

考虑有限翼展非定常状态下的尾涡效应，扑翼运动的相对攻角可以被定义为

$$\alpha'_{\text{rel}} = \frac{AR}{2+AR}\left[F'(k)\alpha_{\text{rel}} + \frac{c}{2U}\frac{G'(k)}{k}\dot{\alpha}_{\text{rel}}\right] - \frac{w}{U} \quad (1.21)$$

式中，AR 为翼的展弦比，$F'(k)$ 为修正函数的实部，表征升力的幅值衰减，$G'(k)$ 为修正函数的虚部，表征升力的相位延迟。$\dot{\alpha}_{\text{rel}}$ 为相对攻角的时间导数（变化率），c 为翼型弦长，U 为来流速度。w 为下洗速度，$\frac{w}{U}$ 为下洗角。

3. 扑翼空气动力学分析

在扑翼运动中,在一个扑动周期内,鸟翼与相对来流互相作用,不仅产生气动升力和阻力,还会由于翼面在空间的运动而发生表观质量效应,产生无法忽视的附加质量力。所以对扑翼的空气动力学分析,将从升力、附加质量力以及阻力讨论开始。

1) 升力分析

假设鸟类翅膀经过简化后近似为薄翼型机翼,在薄翼理论中升力系数为

$$C_l = 2\pi \left[\alpha + \frac{\dot{h}}{V} + b\left(\frac{1}{2} - a\right)\frac{\dot{\alpha}}{V} \right] \tag{1.22}$$

式中,α 为水平来流速度和静态翼面的相对攻角;$\frac{\dot{h}}{V}$ 为扑动线速度和水平来流的比值;$b\left(\frac{1}{2}-a\right)\frac{\dot{\alpha}}{V}$ 为 $\frac{3}{4}C$ 处的俯仰线速度与水平来流比值,其中 a 为气动中心位置参数,表示翼型上气动力作用的参考点位置,b 为翼型的几何参数,通常与翼展或弦长相关(如半翼展或修正系数)。这三项实际表征前一小节计算的被修正的相对来流攻角 α'_{rel},所以鸟类升力系数表示为

$$C_l = 2\pi \alpha'_{\text{rel}} \tag{1.23}$$

式中,α'_{rel} 为修正后的相对攻角。

对于单边翅膀,其单位片元上升力由如可夫斯基升力公式表达为[13]

$$dL = \frac{1}{2}\rho V_{\text{rel}}^2 C_l dS \tag{1.24}$$

即

$$dL = \frac{1}{2}\rho V_{\text{rel}}^2 C_l c \cdot dr \tag{1.25}$$

式中,ρ 为空气密度,V_{rel} 为水平方向速度,C_l 为升力系数,翼展方向上的微元面积,通常为弦长 c 与展向微元长度 dr 的乘积。

图 1.11 所示为升力系数的计算。

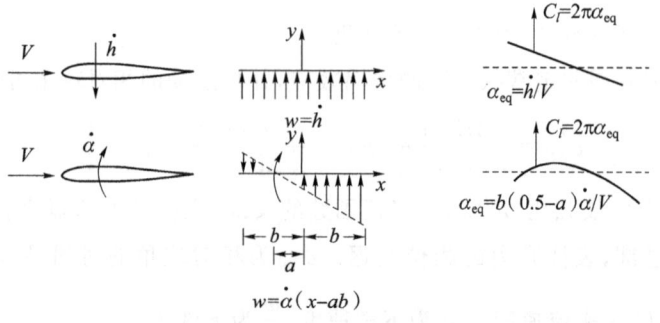

图 1.11 升力系数计算

2) 附加质量力分析

表观质量效应是当扑翼的扑动角垂直体轴周期性变化,从而使翼面推动周围空气在这个过程中由于翼面附近的空气被加速,所以会产生相应的附加质量力。空气的这种加速力是扑翼的主要非循环力,并且即使当鸟类没有前进运动时也可以用于产生升力。被扑翼加速的空气质量可以被估计为直径是弦长的圆柱体内所包含的空气质量。空气质量与该片元处翼面加速度相乘,同时由于空气附加质量加速度与翼面运动位移相位相差180°,所以附加质量力表示如下:

$$N_c = -\frac{\pi c^2}{4}\rho \cdot a_{翼面} \tag{1.26}$$

式中,c 为翼型弦长,即翼前缘到后缘的直线距离。ρ 为空气密度,$a_{翼面}$ 为翼面的法向加速度(垂直于翼面的加速度)。

Theodorsen 在考虑二维翼面扑翼运动的飞定常影响时,还考虑到明显的附加质量力影响。所以在 Theodorsen 函数里,升力系数被表示为非循环系数和循环系数两个部分。其中循环系数等于前面计算的 C_l,非循环系数表示如下:

$$C_{\text{noncirculation}} = \pi b \left[\frac{\dot{\alpha}}{V} - \frac{\ddot{h}}{V^2} + \frac{b a \ddot{\alpha}}{V^2} \right] \tag{1.27}$$

式中,b 为半弦长,即 $\frac{1}{2}c$;$\frac{\dot{\alpha}}{V} - \frac{\ddot{h}}{V^2} + \frac{b a \ddot{\alpha}}{V^2}$ 为翼面该片元处翼面线加速度和相对来流速度比值;α 为攻角,即来流速度与翼弦线的夹角;V 为相对来流速度;$\ddot{h}$ 为扑动线加速度;$\dot{\alpha}$ 为攻角的时间导数。

所以单位片元上附加质量力表示为

$$dN_c = -\frac{\rho \pi c^2}{4}\left(\dot{\theta}U + r\ddot{\beta}\cos\theta + \frac{1}{2}\ddot{\theta}c\right) \cdot dr \tag{1.28}$$

式中,附加质量力 dN_c 沿弦长的法向方向。U 为水平来流速度,与飞行速度一致;c 为翼型的弦长;r 表示翼展方向的位置(从翼根到某一点的径向距离);$\ddot{\beta}$ 为俯仰角加速度,θ 为扑动角,$\dot{\theta}$ 为扑动角速度,$\ddot{\theta}$ 为扑动角加速度,dr 为翼展方向的微元长度。

3) 阻力分析

鸟类飞行过程中所受到的气动阻力分为诱导阻力和废阻力[14],其中诱导阻力是由下洗气流产生,废阻力是由于气流与身体的表面摩擦力和压差阻力产生。计算诱导阻力和废阻力是建立扑翼气动力的重要步骤。

(1) 诱导阻力系数

诱导阻力与升力有很大关系,普朗特升力线理论和大量实验数据表明,扑翼的诱导阻力系数表达式如下：

$$C_{Di}=\frac{C_l^2}{\pi M^2 AR} \quad (1.29)$$

式中,M^2 是翼面形状影响因素,通常其值等于 0.9 到 0.95 之间,这里取 0.9 来计算鸟类诱导阻力。C_l 为升力系数。

(2) 废阻力系数

废阻力由压差阻力和表面摩擦阻力组成,根据文献[14],鸟类在飞行过程中的废阻力受来流速度 V_{rel},翼面积、翼展以及废阻力参数 K 影响,其系数表达式如下：

$$C_{Dp}=0.455K\left[\log_{10}\left(\frac{65\ 200V_{rel}S}{B}\right)\right]^{-2.58} \quad (1.30)$$

式中,K 为废阻力比例系数,范围在 2.0 到 4.4 之间,鸬鹚体形较大,在这里取 $K=4.4$。S 为翼面积,即单侧翅膀的投影面积。B 为翼展,即两翼尖之间的最大距离。

(3) 合阻力计算

合阻力等于诱导阻力和废阻力的和,对于每个片元,其合阻力计算如下：

$$dD=\frac{1}{2}\rho V_{rel}^2 C_{Di} dS+\frac{1}{2}\rho V_{rel}^2 C_{Dp} dS_w \quad (1.31)$$

式中,dS_w 为片元的润湿面积,对于一般鸟类 dS_w 是 2.5 倍的 dS；ρ 为空气密度；C_{Di} 为扑翼的诱导阻力系数,C_{Dp} 为废阻力系数；

$$dD=\frac{1}{2}\rho V_{rel}^2 C_{Di} c \cdot dr+\frac{2.5}{2}\rho V_{rel}^2 C_{Dp} c \cdot dr \quad (1.32)$$

通过式(1.32)可表示每个片元所受阻力,其方向与相对来流速度相反。c 为弦长,dr 为翼展方向的微元长度。

(4) 扑翼空气动力整体分析

经过前文讨论,扑翼空气动力分为升力、附加质量力以及阻力,在片条理论模型中,每个片元所受空气动力受力分析如图 1.12 所示。

由图 1.12 分析可知每个片元所受气动力在水平方向和竖直方向的分力,表示为竖直方向分力为

$$dF_{vertical}=dL\sin\alpha_{rel}\cos\delta+dN_c\cos(-\theta)\cos\delta+dD\sin\alpha_{rel}\cos\delta \quad (1.33)$$

式中,dL 为单位片元上的升力微元,dN_c 为单位片元上的附加质量力微元,dD 为单位片元上的阻力微元,α_{rel} 为修正后的等效攻角,θ 为扑动角,δ 为体轴与水平来流速度的相对夹角。

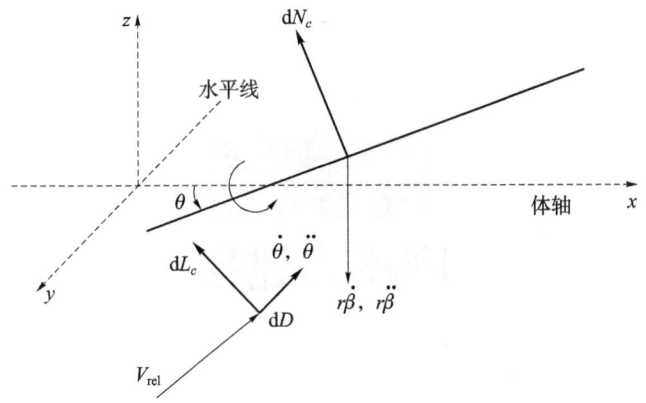

图 1.12 气动力受力分析[6]

水平方向分力为

$$dF_{horiz} = dL\cos\alpha_{rel}\cos\delta + dN_c\sin(-\theta)\cos\delta - dD\cos\alpha_{rel}\cos\delta \quad (1.34)$$

以上为扑翼运动每个片元水平和竖直方向上的扑翼气动力分量。当得到每个片元上扑翼气动力时,将其经过积分可求得该瞬时整个翼面所受到的空气动力。

$$F_{vertical} = \sum dF_{vertical} \quad (1.35)$$

$$F_{horiz} = \sum dF_{horiz} \quad (1.36)$$

式中,$dF_{vertical}$为竖直方向分力,dF_{horiz}为水平方向分力。

以上为运用假设准定常条件的片条理论模型对扑翼气动力进行建模,得到的模型可以估算出每一时刻扑翼所受到的气动力。

1.3 本章小结

本章重点讨论了扑翼运动的描述方法和准定常片元法计算瞬时扑翼力的途径,给出详细的扑翼空气动力计算方法和过程,为动力学建模实验提供了扑翼力的力学模型。

第 2 章
脚蹼力建模

鸸鹋在水面起飞的过程中,在周期性扑翼运动的同时,脚蹼也不断进行周期性拍水运动。为了探究脚蹼周期性拍击水面对鸸鹋水面起飞的贡献以及定量计算在每个拍水周期中的脚蹼力大小,本章将探讨鸸鹋在起飞力学中后肢力量对起飞过程的贡献,以及需要腿部力量辅助的原因;同时,通过介绍不同水上行走的生物,比较自然界生物在水面行走或奔跑方式的异同,从而研究鸸鹋等水栖鸟类在水面上连续拍水的机理。然后,通过蛇怪蜥蜴和鸸鹋脚蹼水上运动模式和机理的对比,类比研究脚蹼对水面的冲击而产生支持身体的冲量的大小与脚蹼在拍水时与水接触变化的过程;定义鸸鹋腿部的自由度,建立鸸鹋起飞脚蹼周期性拍水运动的运动学模型,分析腿部关节角度与脚蹼中心坐标的 D-H 矩阵以及研究关节角速度与脚蹼中心速度的雅各比矩阵。

2.1 后肢力在起飞力学中的作用

2.1.1 陆地起飞

Earls 在文献[15]中通过高速摄像机和测力器研究欧洲琼鸟和鹤鹑在起飞过程中脚部贡献的速度,发现脚部在最初一个周期内产生 80% 到 90% 的起飞速度。Provini 在文献[16]中通过使用高速摄像机来观察珍珠鸟和钻石鸽,同时通过数字粒子图像示踪技术计算空气动力来测量由鸟类后肢产生的地面反作用力,结果发现在起飞后两个扑翼周期内两种鸟的后肢均贡献了绝大部分速度。Chen通过研究蜂蝇快速起飞过程中的运动加速度,同时利用CFD仿真求出蜂蝇翅膀的空气动力,从而估算在起飞过程时其腿部的作用力,发现在起飞时腿部作用力为体重的3倍[17],图2.1所示为蜂蝇起飞过程的受力。所以后肢力在起飞过程起着非常重要的作用,对完全起飞前的加速和在空中平衡有很大的影响。

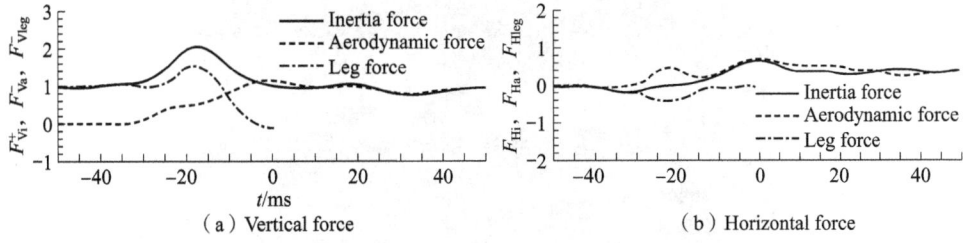

图2.1 蜂蝇起飞过程受力[17]

2.1.2 水面起飞

在自然界中,很多拥有飞行能力的水鸟在水面上起飞时都需要使用脚蹼不断拍击水面以获得足够的动量支撑其在水面上的运动和加速前进。如图2.2所示,红喉潜鸟在水面上起飞时被观察到脚蹼会周期性地拍击水面,当滑行速度到10 m/s时便可起飞,在此期间,脚蹼提供一部分前进加速度以及在水面上的一部分支持力[18];如图2.3所示,当鸭子为躲避天敌或者搜寻食物时,也会采用这种脚蹼助推模式的运动,利用脚蹼和扑翼在水面上奔跑,以减小波浪阻力的影响[19];如图2.4所示,鸊鷉也是一种有类似行为模式的水鸟,其能在水面上以10 Hz的频率奔跑,并支

图2.2 红喉潜鸟在水面上起飞[18]

撑55%的自身体重,这种水鸟在水面上运动模式与蛇怪蜥蜴相似,脚蹼拍水原理和脚蹼接触水后的变化过程也与蛇怪蜥蜴能在水面上奔跑的机理有很大关联性[20]。

图 2.3　鸭子在水面上奔跑[19]

图 2.4　鸊鷉在水面上奔跑[20]

2.2　不同机理的水面生物比较

根据文献[21],自然界中有很多生物都可以行走在水面上,比如水黾、水蜘蛛等水生昆虫依靠表面张力和弯曲应力在水面上推进,这一类生物躯体质量较轻、密度也较小,本身就能够仅靠浮力而漂浮在水面上;但有一些生物身体质量和密度都较大,比如蛇怪蜥蜴和大部分水鸟,但是在这种情况下,它们仍能依靠脚蹼拍击水面获得能够支撑身体的力。所以探究这些水面行走生物机理的异同,对研究鸬鹚脚蹼水动力产生的原因和数值的计算有一定参考价值。

图 2.5 所示为不同生物的水面奔跑姿态。

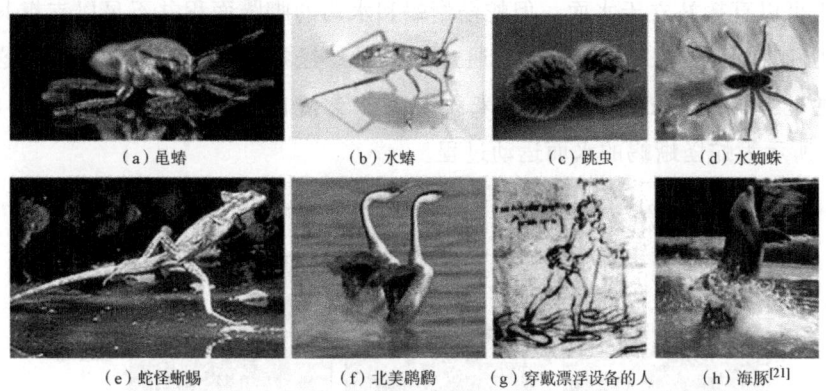

(a) 鼋蟪　　(b) 水蟪　　(c) 跳虫　　(d) 水蜘蛛

(e) 蛇怪蜥蜴　(f) 北美鸬鹚　(g) 穿戴漂浮设备的人　(h) 海豚[21]

图 2.5　不同生物的水面奔跑姿态

2.2.1　昆虫类生物水面行进

昆虫的密度较轻,其大部分依靠浮力和表面张力漂浮在水面上,这种能力取决于昆虫脚上的纤毛密度[22]。如图 2.6 所示,不同生物的水面奔跑浮力和弯曲表面张力的产生是由于昆虫与水接触的界面因存在纤毛而无法润湿因此发生弯曲相对

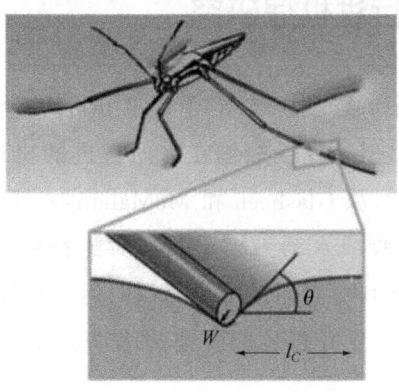

图 2.6　水黾脚部造成水面弯曲[21]

其他水面发生了凹陷以及排水,所以浮力和弯曲表面张力分别等于昆虫腿部接触界面内外的排水重量。

2.2.2　大型水面行走生物

大型水面行走生物如蛇怪蜥蜴、水鸟以及人类,如果拥有足够大的接触面积,人类也可以直接站立于水面。但蛇怪蜥蜴和水鸟的脚蹼面积并不足以支撑其仅依靠浮力和表面张力在水面上行走,通过大量对蛇怪蜥蜴的研究[23-25]发现,这一类生物通过脚蹼连续交替拍击水面来获得足够支持自身在重力方向上平衡的力。图 2.7 所示为蛇怪蜥蜴的水面运动过程。

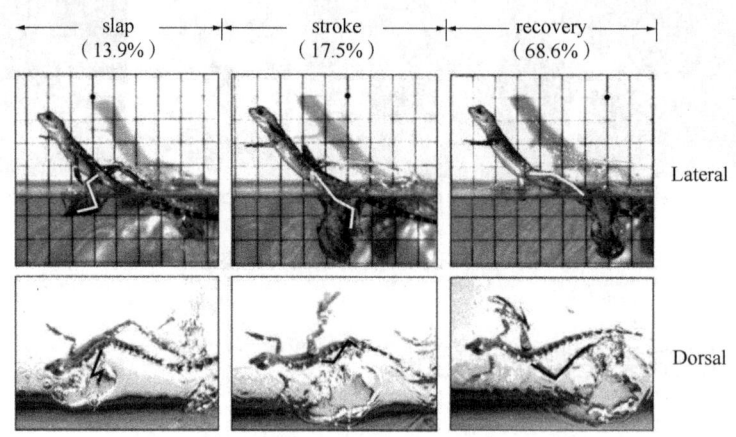

图 2.7　蛇怪蜥蜴的水面运动[23]

2.2.3　鸬鹚水面行进机理研究

对于目前的情况,除了蛇怪蜥蜴,对于定量分析大质量和大密度生物水上机理特性的研究还比较少,但是蛇怪蜥蜴在水面行进的机理以及对其水动力学的分析已经发展了 20 余年,从 Glasheen 和 McMahon 在《自然》期刊上发表了第一次提出完整的蛇怪蜥蜴脚蹼水动力模型[24],对蛇怪蜥蜴的探究便开始不断深入。对于鸬鹚等水鸟,其有着与蛇怪蜥蜴相似的运动特性和表现,利用这两种不同生物之间的共同点去定量分析鸬鹚脚蹼的水动力模型,便能够可靠地进行脚蹼力建模。

2.2.4 蛇怪蜥蜴水面行走机理描述

蛇怪蜥蜴是一种水栖生物，它可以依靠脚蹼连续不断地交替拍击水面而产生支持力。通过高速摄像机和PIV粒子图像测速分析可知它拍水的过程分为3个阶段，第一阶段是拍击水面阶段(slap)，在这个阶段蛇怪蜥蜴脚部以最大的接触面积垂直向下拍水提供很大的垂直动量；第二阶段是划水阶段(stoke)，在这个阶段蛇怪蜥蜴脚部以一定角度向后划水，同时脚蹼划水之前后第三阶段是恢复阶段，其阶段如图2.8所示。

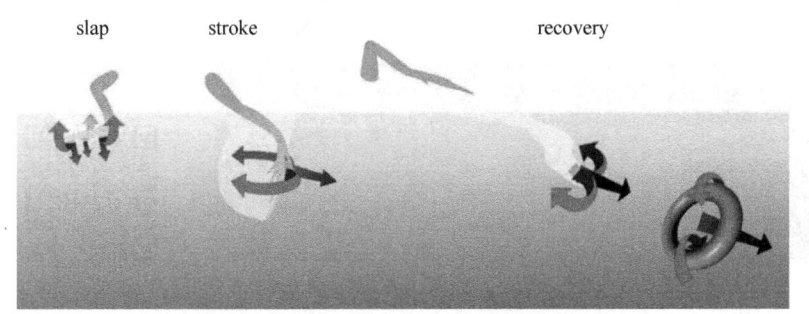

图2.8 蛇怪蜥蜴脚蹼拍击水面过程[23]

图2.8彩图

蛇怪蜥蜴脚蹼在水下运行的动作由3个不同的阶段表示。在拍击阶段，脚蹼垂直向下拍击水面，推动水体并远离水面，同时产生环绕脚蹼的空气腔。在划水阶段，当水被脚蹼向后面推开时，脚蹼仍保持在空气腔内。当脚蹼进入恢复阶段时，会在离开水面的附近产生一个反方向推进的涡环，表示将动量转移到流体中。该涡环直径为3 cm，中心水射向中间，向下并与运行方向相反。并且在空气腔破碎前，脚蹼及时从水里抽出。

Glasheen和McMahon[24]对蛇怪蜥蜴在水面上奔跑的行为进行了高速摄像机录像分析，他们将这种生物的水上奔跑过程分为了三部分：①拍击；②划水；③恢复。

在拍击过程中，脚蹼力的冲量可以被表示为

$$I_{拍击} = m_{virual} u_{脚蹼速度峰值} \tag{2.1}$$

式中，m_{virual}为虚拟质量，包括脚踝自身质量及周围被带动流体的等效质量，在流体中运动的物体需要加速自身质量及周围流体，虚拟质量量化了这一综合效应。$u_{脚蹼速度峰值}$为脚踝在拍击阶段达到的峰值速度。

图2.9所示为划水阶段受力图。在划水过程中，水静态压力和水动态压力组成水阻力。水阻力在竖直方向的分量的积分为划水时期的冲量。

$$I_{划水} = \int \mathrm{Drag}(t)\cos\phi(t)\mathrm{d}t \tag{2.2}$$

式中,Drag(t)为水阻力;$\phi(t)$为脚蹼与竖直方向的夹角。

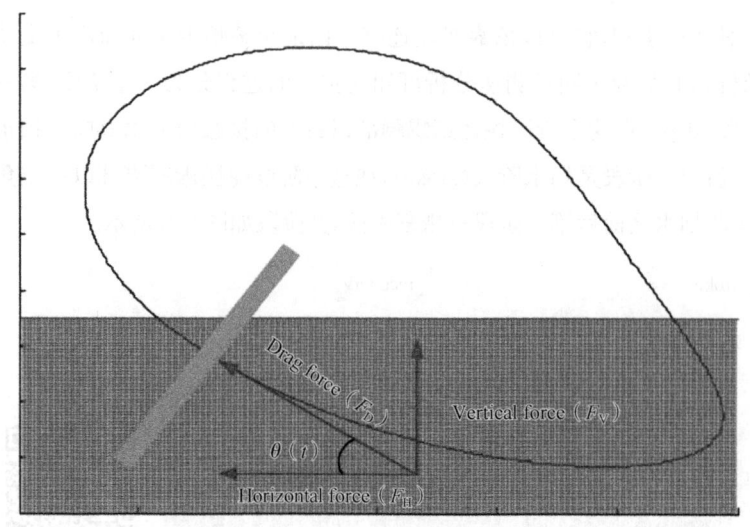

图 2.9 划水阶段受力图[26]　　　　　　　　图 2.9 彩图

在恢复过程中,假设当空气腔破裂前蜥蜴的脚已经离开水面,因此竖直向下的力可以被忽略。

2.2.5 鸊鷉脚蹼与蛇怪蜥蜴脚蹼相似性

Glasheen 等[25]又根据低弗劳德数的圆盘垂直入水实验测出划水阻力的参数。弗劳德数是流体惯性力和重力的比值,用来表征部分淹没物体穿过水的阻力大小,其表达式为如下:

$$\mathrm{Fr} = \frac{u^2}{gl} \tag{2.3}$$

式中,u 为物体在水中速度,单位为 m/s;g 为重力加速度;l 是与水接触特征长度,单位为 m。

当 Fr=1~80 时,圆盘在水中阻力表达为

$$\mathrm{Drag}(t) = C_D^*[0.5S\rho u^2 + S\rho g h(t)] \tag{2.4}$$

式中,C_D^* 为阻力系数,约为 0.703;ρ 为水体密度,一般情况下为 10^3 kg/m³;u 为物体在水中速度,单位为 m/s;S 为圆盘与水有效接触面积,单位为 m²;$h(t)$ 为物体在水中入水高度,单位为 m。

蛇怪蜥蜴在水面奔跑脚蹼中心速度约为2.5 m/s,脚蹼特征长度量级为10^{-2} m,其弗劳德数均在该范围内,约为7;同时根据第4章鸊鷉轨迹捕捉结果处理得到鸊鷉脚蹼中心速度为2~3 m/s,脚蹼特征长度约为12 cm,其弗劳德数范围在3~8 m/s。经过对比,蛇怪蜥蜴和鸊鷉在水面上运动的弗劳德数比较相近,所以这两种生物脚蹼在水面下的运动情况、空气腔状态和受力机理是相似的,因此可以通过分析蛇怪蜥蜴在水中的受力情况探讨鸊鷉脚蹼的水动力学建模。

2.2.6 蛇怪蜥蜴不同阶段的受力假设

由于鸊鷉和蛇怪蜥蜴在水中的运动轨迹相仿,所以研究有关文献对蛇怪蜥蜴脚蹼中心在水中不同运动阶段的力学模型和依据对鸊鷉脚蹼力的建模有很重要的意义。

蛇怪蜥蜴在奔跑时脚蹼中心的运动轨迹如图2.10所示。

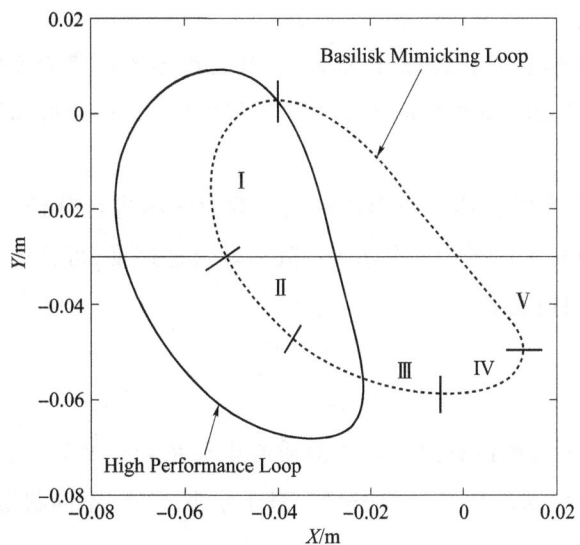

图2.10 蛇怪蜥蜴脚蹼中心轨迹及过程划分[27]

蜥蜴在奔跑时其脚蹼中心的运动轨迹可以分为4个部分。

(1) 向下回复和向上回复

在向下回复中,脚蹼中心在空气中,可将其所受到的水动力基本视为零。在向上回复中,空气腔还未破裂也可视所受阻力为零。

(2) 拍击

拍击阶段是从刚入水瞬间到向后划水前的阶段,这个过程的冲量如式(2.1)所示,会给竖直方向带来额外的升力,在这个模型中假设脚蹼所受到的水动力与刷划水阶段相同。

(3) 划水

在计算模型中,这个阶段是从拍击结束后到腿部循环最低点,脚蹼所受力的方程同式(2.4),此时竖直和水平方向的水动力都存在。

(4) 后蹬

当划水阶段处于末尾状态时,脚蹼中心速度竖直分量向上,但水平分量依然向后,此时假设只有水平分量存在。

由于鸬鹚脚蹼运动跟蛇怪蜥蜴的相似性,所以这两种生物脚蹼的运动可以进行类比,因此本章采用蛇怪蜥蜴脚蹼力模型去研究鸬鹚的脚蹼力。

2.2.7 鸬鹚单周期脚蹼力模型

对于一个周期内的鸬鹚脚蹼拍水运动,其运动形式和弗劳德数均和蛇怪蜥蜴相近,因此假设 Glasheen 提出的水动力学方程式(2.4)对分析鸬鹚脚蹼水中运动受力同样适用。

根据式(2.4)中的流体动力学项和流体静力学项进行分析,在流体动力学项 $C^*[0.5S\rho u^2]$ 中 u 为脚蹼中心在水下各处运动轨迹速度,可分解为在水平方向速度 v_x 和竖直方向速度 v_y。

$$v_x = v_{xr} + v_{cx} \tag{2.5}$$

$$v_y = v_{yr} + v_{cy} \tag{2.6}$$

式中,v_{xr}、v_{yr} 分别为鸬鹚脚蹼中心相对质心坐标系 $OX_cY_cZ_c$ 的速度,v_{cx}、v_{cy} 为质心在对地坐标系 $OX_gY_gZ_g$ 中的速度;对于水下 v_xv_y 不同状态时,水动力学假设与 2.3.6 相同。

考虑流体静力学项 $C_D^*[S\rho gh(t)]$ 本质为阿基米德浮力,方向始终竖直向上。因此,根据式(2.2)和式(2.4),将脚蹼水动力在竖直和水平方向的分量分解如下:

$$\mathrm{Drag}_{\mathrm{vertial}} = C_D^*[0.5S\rho v_y^2 + S\rho gh(t)] \tag{2.7}$$

$$\mathrm{Drag}_{\mathrm{horiz}} = C_D^*[0.5S\rho v_x^2] \tag{2.8}$$

式中,C_D^* 为阻力系数,约为 0.703;ρ 为水体密度,一般情况下为 10^3 kg/m³;S 为圆盘与水有效接触面积,单位为 m²;$h(t)$ 为物体在水中入水高度,单位为 m。v_x 为水平方向速度,v_y 为竖直方向速度。

2.3 鸬鹚脚蹼运动学模型

观察发现，鸬鹚在水面起飞阶段，脚蹼拍击水面的频率与扑翼扑动的频率相等。与天鹅、鹧鹚、野鸭以及红喉潜鸟[18]等其他水鸟起飞时双脚交替拍击水面不同，鸬鹚在起飞时，双脚随着扑翼下扑一齐拍击水面，其两条腿动作的节律和相位完全一样，可以视为运动参数、几何参数以及受力情况完全相同的两个机构，在分析和研究时，只需要分析单腿的运动状态和受力情况。

2.3.1 鸬鹚脚蹼与扑翼耦合关系分析

图 2.11 所示为一个周期内鸬鹚扑翼和脚蹼运动截图，帧率为 150 Frame/s。

图 2.11　一个周期内鸬鹚扑翼和脚蹼运动截图

从图中观察可得知，在扑翼回复到最高点时，鸬鹚脚蹼刚接触水面准备拍击，经过多个周期的截取和观察，鸬鹚脚蹼出入水所占帧数分布以及鸬鹚脚蹼入水与扑翼最高点帧数差值分布如图 2.12 和图 2.13 所示。

考虑仿真模型计算的简便和耦合节律及脚蹼力脉冲时间的准确性，根据图 2.12、图 2.13 取脚蹼一周期内所占百分比为 30%（约 6 帧每 20 帧），开始入水起点为扑翼回复到最高点的时刻。

为表征脚蹼力的脉冲性，引入脉冲数组 kx，其记录了每时刻鸬鹚脚蹼入水的状态，当脚蹼处于入水状态时，即处于水面下，该时刻 kx 值记录为 1；当脚蹼处于出水状态时，即处于水面上时，该时刻 kx 值记录为 0。

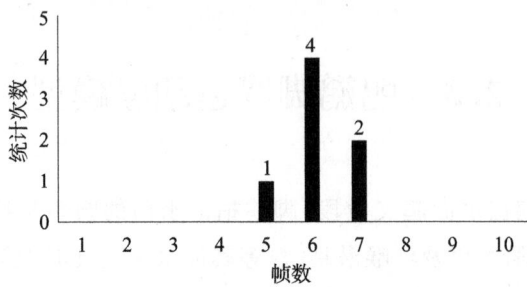

图 2.12 鸬鹚脚蹼出入水所占帧数分布

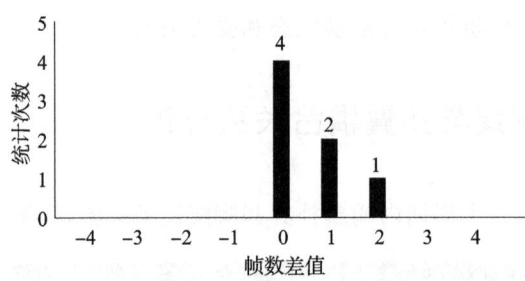

图 2.13 鸬鹚脚蹼入水与扑翼最高点帧数差值分布

2.3.2 鸬鹚腿部运动简化模型

观察发现，鸬鹚的腿部运动在二维平面上拥有 3 个自由度，分别是髋关节、膝关节和踝关节，如图 2.14 所示，髋关节角度为大腿与体轴夹角，膝关节角度是大腿和小腿的夹角，踝关节角度是脚蹼平面和小腿的夹角。

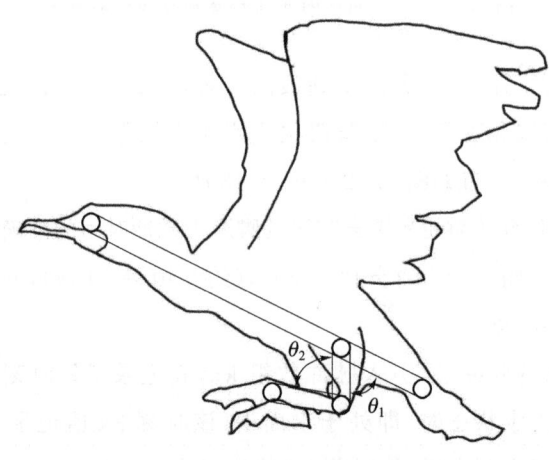

图 2.14 鸬鹚腿部关节角度

图 2.15 所示为鸬鹚脚蹼划水过程。鸬鹚脚蹼划水在准备入水前,髋关节和膝关节角度 θ_1 和 θ_2 达到最大,在入水后大腿和小腿同时向后蹬,最后出水时膝关节角度几乎为零,大腿和小腿保持在同一直线上出水。当脚蹼在水中时,由于水花和其处于水面下,所以无法观察到踝关节角度的变化,根据出入水瞬间踝关节角度为零以及根据鸬鹚在水池划水时踝关节角度为零,假设鸬鹚脚蹼中心水下轨迹近似等于踝关节角度为零时的脚蹼中心轨迹。但同时假设鸬鹚在每个时刻为获得最大水动力,脚蹼平面会主动改变平面角度以保持与脚蹼中心划水速度的垂直,从而获得每时刻的最大水动力。

图 2.15 鸬鹚脚蹼划水过程

所以脚蹼运动可以简化为一个二维二自由度三连杆模型。三连杆中 l_1 代表体轴,长度为 D_1;l_2 代表鸬鹚髋关节到膝关节的部分,长度为 D_2;l_3 代表鸬鹚膝关节到脚蹼中心的部分,长度为 D_3。图 2.16 所示为鸬鹚单腿简化模型。

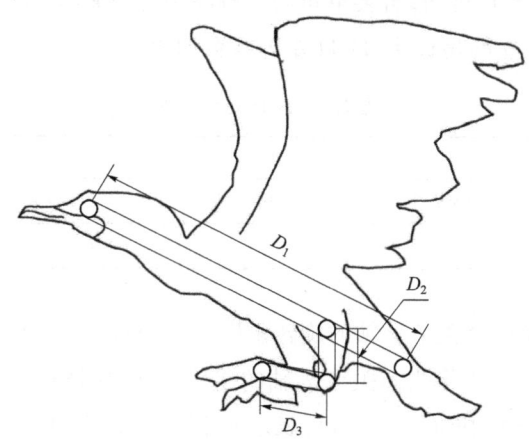

图 2.16 鸬鹚单腿简化模型

2.3.3 鸬鹚腿部坐标系建立

图 2.17 所示为鸬鹚简化模型 D-H 坐标系。D-H 坐标系设定地面坐标系表示为 $OX_gY_gZ_g$,鸬鹚质心坐标系为 $OX_cY_cZ_c$,并且为基底坐标系,膝关节坐标系为 $OX_1Y_1Z_1$,脚蹼中心坐标系为 $OX_2Y_2Z_2$。

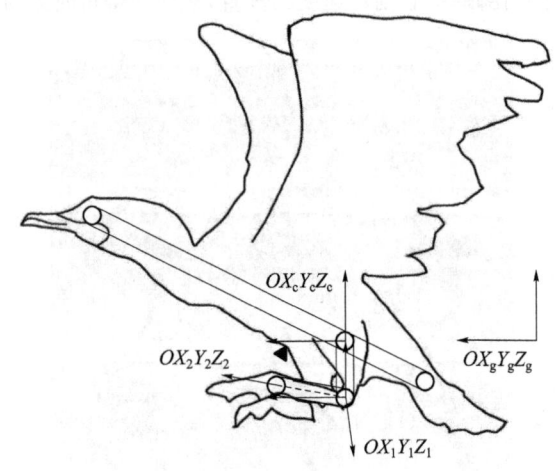

图 2.17 鸬鹚简化模型 D-H 坐标系

2.3.4 腿部 D-H 矩阵分析

已知腿部各关节角度值,若要解析当前脚蹼中心位置,则需要分析简化模型的 D-H 转换。根据建立的坐标系,D-H 矩阵参数如表 2.1 所示。

表 2.1 D-H 矩阵参数

序号	θ	d	a	α
1	$\pi+\delta+\theta_1$	0	D_2	0
2	$\pi-\theta_2$	0	D_3	0

表中,θ_i 为绕前一个关节 z 轴的旋转角度(关节转角);d^i 为沿前一个关节 z 轴的位移(连杆偏移);a^i 为沿当前关节 x 轴的连杆长度(连杆长度);α^i 为绕当前关节 x 轴的旋转角度(连杆扭角);D_2、D_3 表示连杆的物理长度,决定关节间的几何关系。

根据上述 D-H 参数表可以根据 D-H 变换矩阵列出相邻两关节之间坐标转换关系式 T_1、T_2。

$$T_1 = \begin{bmatrix} -C(\delta+\theta) & S(\delta+\theta_1) & 0 & -D_2C(\delta+\theta_1) \\ -S(\delta+\theta) & -C(\delta+\theta_1) & 0 & -D_2S(\delta+\theta_1) \\ 0 & 0 & 1 & 0 \\ 0 & 0 & 0 & 1 \end{bmatrix} \quad (2.9)$$

$$T_2 = \begin{bmatrix} -C\theta_2 & -S\theta_2 & 0 & -D_3C\theta_2 \\ S\theta_2 & -C\theta_2 & 0 & D_3S\theta_2 \\ 0 & 0 & 1 & 0 \\ 0 & 0 & 0 & 1 \end{bmatrix} \quad (2.10)$$

式中，$C(\cdot)$、$S(\cdot)$ 为余弦和正弦函数，构建旋转与平移；δ 表示固定偏移角，调整初始位形；θ_1、θ_2 为主动关节角度，控制腿部运动。

从而，脚蹼质心坐标和脚蹼中心坐标的总转换矩阵为 ${}^cT_2 = {}^cT_1{}^1T_2$，表达式如下：

$$^cT_2 = \begin{bmatrix} C(\delta+\theta_1-\theta_2) & -S(\delta+\theta_1-\theta_2) & 0 & D_2C(\delta+\theta_1-\theta_2)-D_2C(\delta+\theta_1) \\ S(\delta+\theta_1-\theta_2) & -C(\delta+\theta_1-\theta_2) & 0 & D_3S(\delta+\theta_1-\theta_2)-D_2S(\delta+\theta_1) \\ 0 & 0 & 1 & 0 \\ 0 & 0 & 0 & 1 \end{bmatrix}$$

$$(2.11)$$

假设脚蹼中心在 $OX_cY_cZ_c$ 坐标系中的坐标为 (X,Y,Z)，在 $OX_2Y_2Z_2$ 坐标系中的坐标为 $(0,0,0)$，

那么由转换矩阵可得：

$$\begin{bmatrix} X \\ Y \\ Z \\ 1 \end{bmatrix} = {}^cT_2 \begin{bmatrix} 0 \\ 0 \\ 0 \\ 1 \end{bmatrix} \quad (2.12)$$

即

$$\begin{bmatrix} X \\ Y \\ Z \end{bmatrix} = \begin{bmatrix} D_3C(\delta+\theta_1-\theta_2)-D_2C(\delta+\theta_1) \\ D_3S(\delta+\theta_1-\theta_2)-D_2S(\delta+\theta_1) \\ 0 \end{bmatrix} \quad (2.13)$$

由式(2.13)求解鸬鹚脚蹼中心和关节角度的逆问题，表达式如下：

$$\begin{bmatrix} \theta_1 \\ \theta_2 \end{bmatrix} = \begin{bmatrix} \arcsin\left(\dfrac{D_3^2 - D_2^2 - X^2 - Y^2}{2D_2\sqrt{X^2+Y^2}}\right) - \arctan\left(\dfrac{Y}{X}\right) - \delta \\ \arcsin\left(\dfrac{D_3^2 - D_2^2 - X^2 - Y^2}{2D_2\sqrt{X^2+Y^2}}\right) - \arcsin\left(\dfrac{D_2^2 - D_3^2 - X^2 - Y^2}{-2D_3\sqrt{X^2+Y^2}}\right) \end{bmatrix} \quad (2.14)$$

式中，X、Y为脚踝中心在质心坐标系中的坐标，单位为 m。

按照上述公式可求得鸬鹚脚蹼中心和其关节运动的正变换和逆变换。通过生物运动捕捉，获得鸬鹚脚蹼关节角度值随时间变化的数据，通过 D-H 矩阵可以转化成鸬鹚脚蹼中心在质心坐标系中的坐标，从而计算和分析脚蹼中心在水下的速度和位移曲线，为脚蹼力计算提供输入量。

2.3.5　腿部雅各比矩阵分析

研究鸬鹚脚蹼中心运动时，其速度是对水动力影响的关键因素，所以依据雅各比矩阵可以求解出各关节速度和脚蹼中心速度的关系，下面是本课题采用解析方法求解脚蹼中心雅可比矩阵的具体思路。已知：

$$\begin{bmatrix} X \\ Y \\ Z \end{bmatrix} = \boldsymbol{J} \begin{bmatrix} \theta_1 \\ \theta_2 \\ 0 \end{bmatrix} \quad (2.15)$$

雅可比矩阵 $\boldsymbol{J}$ 是 3×3 矩阵（实际简化为 2×2），描述脚踝中心速度与关节速度的线性关系。

对于二维平面内二自由度的关节和位移运动，根据雅各比矩阵定义[28]可得：

$$\begin{bmatrix} \mathrm{d}X \\ \mathrm{d}Y \end{bmatrix} = \begin{bmatrix} \dfrac{\partial X}{\partial \theta_1} & \dfrac{\partial X}{\partial \theta_2} \\ \dfrac{\partial Y}{\partial \theta_1} & \dfrac{\partial Y}{\partial \theta_2} \end{bmatrix} \begin{bmatrix} \mathrm{d}\theta_1 \\ \mathrm{d}\theta_2 \end{bmatrix} \quad (2.16)$$

式中，$\dfrac{\partial X}{\partial \theta_1}$、$\dfrac{\partial X}{\partial \theta_2}$为脚踝中心 X 坐标对关节角度 θ_1、θ_2 的偏导数；$\dfrac{\partial Y}{\partial \theta_1}$、$\dfrac{\partial Y}{\partial \theta_2}$为脚踝中心 Y 坐标对关节角度 θ_1、θ_2 的偏导数。$\mathrm{d}\theta_1$、$\mathrm{d}\theta_2$ 为关节角度的微小变化量，单位为弧度。

则可根据式(2.16)求出鸬鹚脚蹼中心和关节的雅各比矩阵。

$$J = \begin{bmatrix} -D_3 S(\delta+\theta_1-\theta_2)+D_2 S(\delta+\theta_1) & D_3 S(\delta+\theta_1-\theta_2) \\ D_3 C(\delta+\theta_1-\theta_2)-D_2 S(\delta+\theta_1) & -D_3 C(\delta+\theta_1-\theta_2) \end{bmatrix} \quad (2.17)$$

通过雅各比矩阵,可根据关节角速度值解算出脚蹼中心速度,从而有效减少各类误差。

2.4 本章小结

本章从后肢力重要性、不同水上生物行走机理的比较引出大型水上奔跑生物的水动力产生机理和这一类生物之间运动的相似性,通过对蛇怪蜥蜴脚蹼力的研究和模型分析从而去推算鸊鷉水面起飞的脚蹼力模型;之后又针对鸊鷉腿部的简化模型进行 D-H 转换矩阵和雅各比矩阵分析,从而得到鸊鷉腿部关节角度值与脚蹼运动中心的位移和速度的关系,为第 5 章验证模型提供运动学转换模块。

第 3 章
鸬鹚起飞运动数据捕捉

本章针对已有的鸬鹚视频资料进行生物运动学捕捉，通过对捕获到的关键点的坐标进行有效的数据处理方法，获得目标运动参数。分别对鸬鹚脚部关键关节角度值、扑翼运动扑动角和频率以及鸬鹚的水平位移和竖直位移进行数据捕捉实验，再获得以上值在对应时段每时刻数组后，绘制相应轨迹图和时间图，讨论鸬鹚水面起飞特点，也为第 5 章动力学仿真模型验证其正确性提供现实数据的输入以及用于参考对比的显示数据输出。

3.1 动作捕捉方法和工具

由于鸬鹚水面起飞过程持续时间较短且难以观测，所以往往不易被高速摄像机捕捉或记录。但是可以根据已有的鸬鹚起飞瞬间的慢速视频来对鸬鹚髋关节和膝关节部位的运动进行分析和截取。根据现有影视资料，其拍摄帧率为 150 Frame/s，每帧时间为 1/150 s，利用基于 MATLAB 开发的图形轨迹捕获软件进行分析，对在起飞期间 5 个周期内的髋关节角度值和膝关节角度值，以及鸬鹚喙尖在 5 个周期内的水平位移和竖直位移，还有在起飞时鸬鹚扑翼运动的频率和扑动角。

基于 MATLAB 的图形轨迹捕获软件是通过对视频解析并将其分割成图片帧来进行每帧轨迹点的捕获，软件允许在同一帧内捕获多点或者连续多帧持续追踪一点，并将其以坐标向量的形式输出保存在文件中。

1. 软件界面

DLTdataviewer2 是美国 Hedrick 实验室开发的用于数字化视频文件和校准

相机的 MATLAB 工具[29]。它可以读取 AVI 或 MP4 格式的视频文件，可以同时读取多个视频文件进行同一个运动点的捕捉，并且在一个视频中允许同时捕捉多个坐标点且允许加载、查看和修改以前标出的坐标点。

由于 DLTdataviewer2 是在 MATLAB 语言基础开发的可视化坐标获取软件，所以在使用时需要安装 MATLAB(MAtrix LABoraty)7.0 或更高的版本，同时确保 Image Analysis Toolbox 已经被正确安装在相应路径下。图 3.1 所示为 DLTdataviewer2 软件界面。

图 3.1　DLTdataviewer2 软件界面

在本章轨迹捕捉实验中，只采用一个视频分析鸬鹚在 2D 坐标轴内的运动数据。所以不需要运行校正程序，同时数据处理也只针对正对向二维平面。

图 3.1 彩图

2. 运行软件界面

如图 3.2 所示，在 MATLAB 中打开 DLTdv5.m (DLTdvx.m，x=1,2,…,5,本书采用最新版本)，单击"Run"按钮运行文件。

3. 加载视频

单击"Initialize"按钮，选择加载 1 个视频，然后从文件夹中选择视频，视频应为 AVI 格式，如图 3.3 所示。

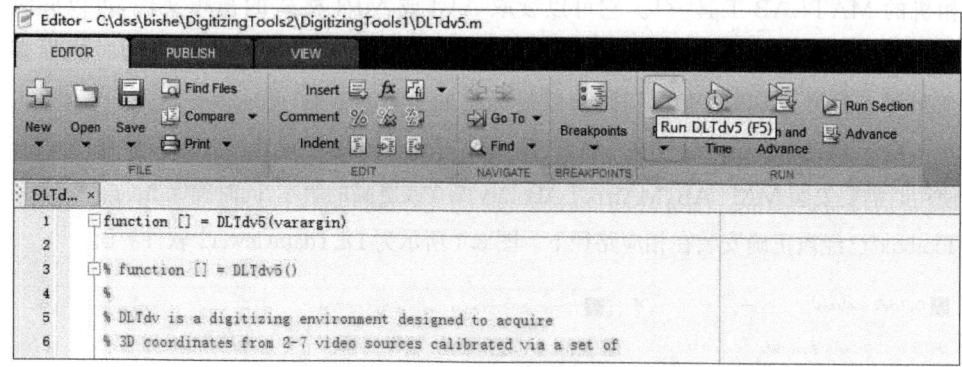

图3.2 软件运行

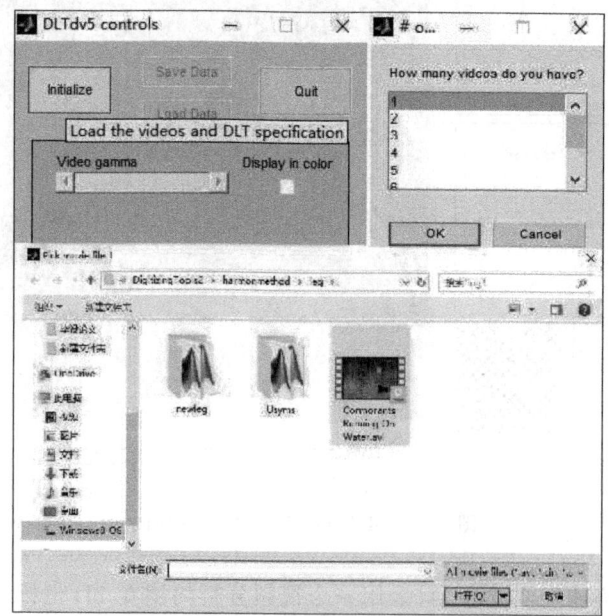

图3.3 加载视频

4. 窗口功能介绍

视频加载后,控制窗口有一些重要功能需要设置,如图3.4所示。Currentpoint指当前标记点,可以选择改变当前标记点序号来更换记录点,同时还可单击"Add a point"按钮增加当前点数。Autotrack mode指自动跟踪模式,但这里采用手动标记,可以采用Auto-advance模式标记完自动跳入下一帧数。Video gamma指视频亮度,可调节视频的明暗。Frame number指视频当前帧数,可以拖动快进条来跳帧。其他功能本实验尚不需要,暂且不表。

第 3 章 鸬鹚起飞运动数据捕捉

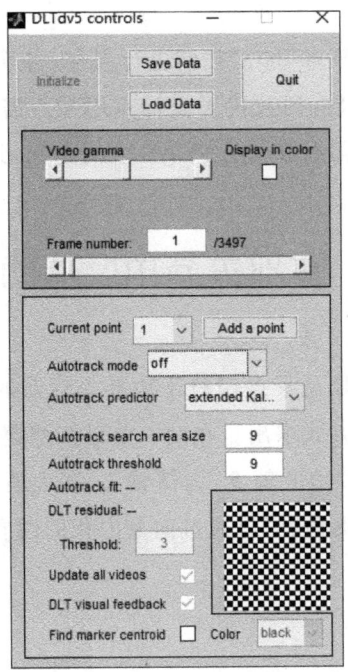

图 3.4　DLTdataviewer2 界面功能介绍

5. 使用流程图

DLTdataviewer2 使用流程图如图 3.5 所示。

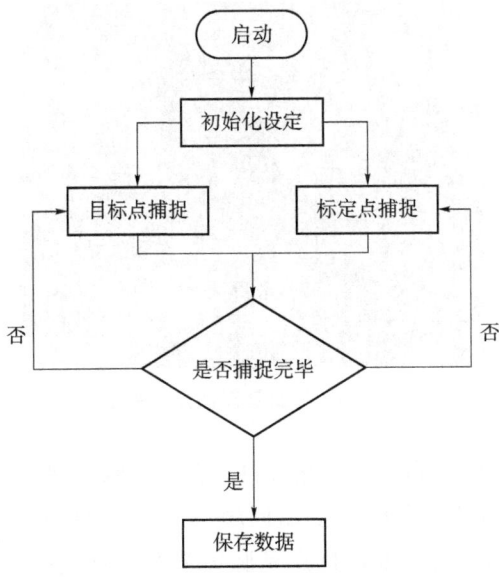

图 3.5　DLTdataviewer2 使用流程图

6. 坐标点载入

当截取完成后,单击"Save data"按钮进行保存,将其保存为一个 Excel 形式的 cvs 文件,其中行数代表帧数,列数代表坐标点序号。需对 Excel 表格里的空白项进行删除。需要读取时只需要在 MATLAB 中调用 load 函数。

3.2 腿部关节角度值的捕捉

由于软件的直接测量量是某点相对于边界坐标系的坐标,所以鸬鹚的关节角度值只能通过间接测量的方式求出。在前一节已知鸬鹚的脚蹼运动可视为二维平面内的三连杆运动,髋关节角度值 θ_1 为体轴 l_1 和大腿 l_2 的夹角,膝关节角度值 θ_2 为大腿 l_2 和小腿 l_3 的夹角,可以通过向量内积的性质以及反余弦函数来测量 5 个周期内的角度值。

3.2.1 捕捉方法

如图 3.6 所示,为了能够完整求解两个角度值,需要进行以下 A、B、C、D、E 这 5 个点的捕捉。

图 3.6 彩图

图 3.6 鸬鹚腿部捕捉点标记

对于 θ_1,由于其为 l_1 和 l_2 的夹角,所以需要每帧截取两个沿体轴方向上点 A、B 来确定 l_1 在每时刻坐标系的表达式,同理,对于 l_2 每帧也需截取两个沿大腿方向点 C、D 来表示直线方程,其中 D 点是膝关节所在点,表示每时刻膝关节坐标。对于 θ_2,其为 l_2 与 l_3 的夹角,因为 l_2 已经用 C、D 点表征,同时 D 点代表膝关节坐标，所以只需再截取沿小腿方向上一点 E，来解析 θ_2。对于求解角度值，采用求解向量内积与模数之比的反余弦值的方法，表达式如下：

$$\theta_1 = \arccos\left(\frac{\boldsymbol{l}_{AB} \cdot \boldsymbol{l}_{CD}}{|\boldsymbol{l}_{AB}| \times |\boldsymbol{l}_{CD}|}\right) \tag{3.1}$$

$$\theta_2 = \arccos\left(\frac{\boldsymbol{l}_{DE} \cdot \boldsymbol{l}_{DC}}{|\boldsymbol{l}_{DE}| \times |\boldsymbol{l}_{DC}|}\right) \tag{3.2}$$

式中，$\boldsymbol{l}_{AB}$ 为从点 A 到 B 的向量，$\boldsymbol{l}_{CD}$ 为从点 C 到点 D 的向量，$|\boldsymbol{l}_{AB}|$、$|\boldsymbol{l}_{CD}|$ 为向量的模长。

关节角度测量值表示如表 3.1 所示。

表 3.1 关节角度测量值表示

测量值	横坐标表示	纵坐标表示
A	x_A	y_A
B	x_B	y_B
C	x_C	y_C
D	x_D	y_D
E	x_E	y_E
θ_1	$\arccos\left(\dfrac{\mathrm{dot}([x_D-x_E,y_D-y_E],[x_D-x_C,y_D-y_C])}{\mathrm{norm}([x_D-x_E,y_D-y_E],[x_D-x_C,y_D-y_C])}\right)$	
θ_2	$\arccos\left(\dfrac{\mathrm{dot}([x_D-x_E,y_D-y_E],[x_D-x_C,y_D-y_C])}{\mathrm{norm}([x_D-x_E,y_D-y_E],[x_D-x_C,y_D-y_C])}\right)$	

其中，dot 和 norm 分别在 MATLAB 中表示点乘和取模的函数，输出数据经过这种方法求出后，可初步分析出 θ_1 和 θ_2 在 5 个运动周期内的变化曲线。

3.2.2 数据处理

因为在使用 DLTdataviewer2 进行像素点坐标捕捉时，由于人眼对黑白像素点存在分辨误差，同时捕捉光标范围略大于像素点所在区域等一些客观因素，会对坐标点的捕获带来波动干扰。所以为了减小这一类测量误差，在获取角度值数据的同时进行滤波处理。考虑五周期内总截取 116 帧图像，所以采用移动平均滤波，且滤波范围为 5 个数据点。在 MATLAB 中，通过 smooth 函数进行处理，表示式如下：

$$\theta_1 = \mathrm{smooth}(\theta_1, 5) \tag{3.3}$$

$$\theta_2 = \text{smooth}(\theta_2, 5) \tag{3.4}$$

式中,θ_1、θ_2 为原始关节角度数据(单位:弧度),分别表示大腿与体轴的夹角(髋关节角度)和小腿与大腿的夹角(膝关节角度)。图 3.7 所示为角度值滤波前后效果。

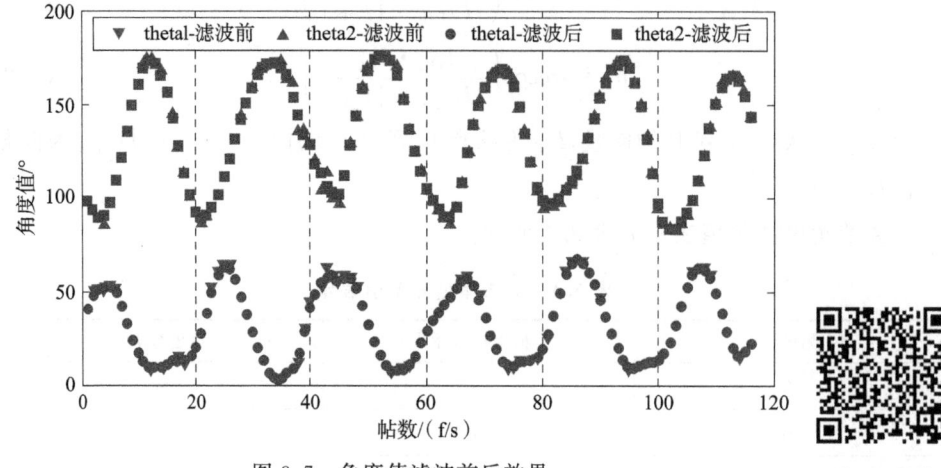

图 3.7　角度值滤波前后效果

这种通过分割图像帧来截取坐标的方式所得到的数据是离散的,同时每帧时间间隔为 dt,大小为 1/150 s。如果不进行插值计算,那么在后期动力学分析过程中时间刻度过大,从而导致欧拉法积分误差较大而给仿真的准确性带来影响。所以现取时间刻度为 $\Delta t = 0.001$ s,在相同时段长度即 116 帧图像时间内,对 θ_1 和 θ_2 数据采用 3 次多项式插值法进行插值拟合,获得同时间段内时间间隔更小、更紧密以及更多的数据。在 MATLAB 中,通过 interl 函数进行处理。图 3.8 所示为角度值插值前后的数据密度。

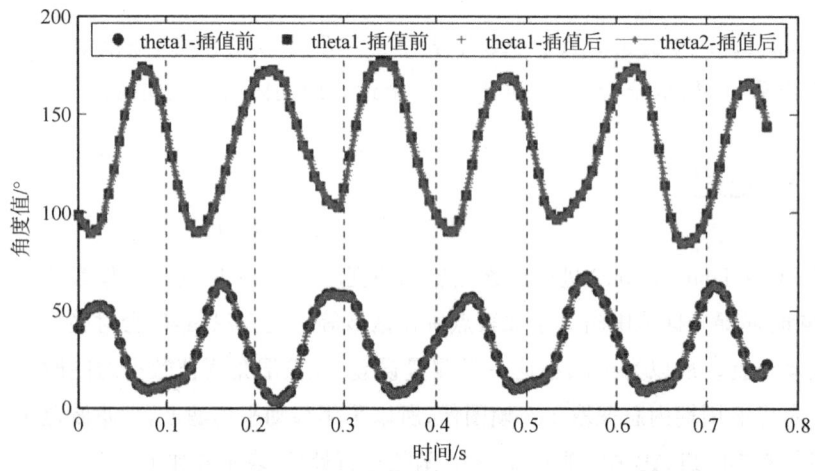

图 3.8　角度值插值前后数据密度

$$\theta_1 = \mathrm{interpl}(\mathrm{d}t, \theta_1, t_{\Delta t}, \mathrm{'cubic'}) \tag{3.5}$$

$$\theta_2 = \mathrm{interpl}(\mathrm{d}t, \theta_2, t_{\Delta t}, \mathrm{'cubic'}) \tag{3.6}$$

式中,$\mathrm{d}t$ 为原始数据的时间间隔,单位为 s;$t_{\Delta t}$ 为插值后的时间刻度,单位为 s,即更密集的时间点序列,间隔为 0.001 s;cubic 为插值方法,采用三次多项式插值,确保插值曲线的平滑性。

3.2.3 轨迹图

根据当前插值得到鸬鹚腿部关节角度值数据和式(2.9)、式(2.13)的 D-H 转换矩阵和雅各比矩阵计算可得到鸬鹚脚蹼中心相对质心坐标系的轨迹图,如图 3.9 所示。

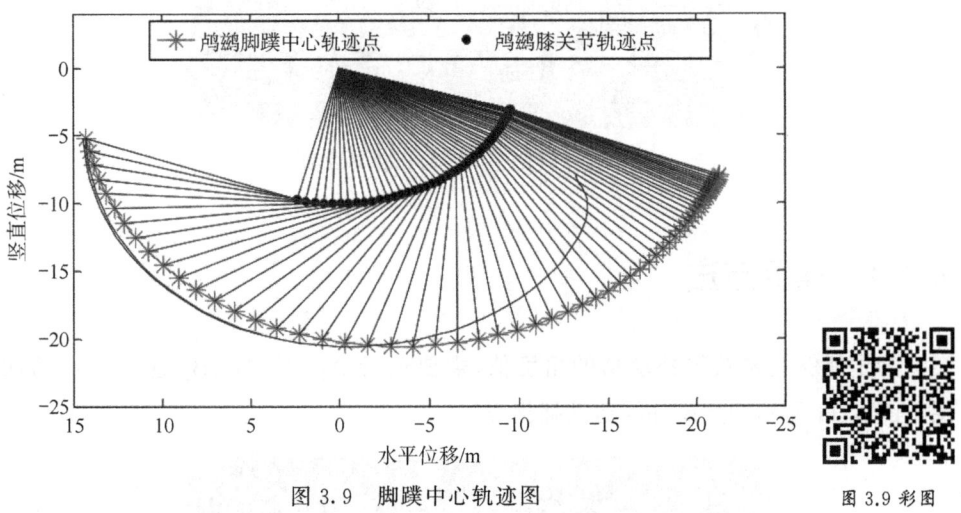

图 3.9 脚蹼中心轨迹图

图 3.9 彩图

从图 3.9 中可以明显看出,鸬鹚脚蹼中心运动轨迹与蛇怪蜥蜴有尺度上的缩放关系,所以进一步说明了这一类水上奔跑生物的机理非常相近。

3.3 扑翼扑动角的捕捉

鸬鹚的扑翼运动可以视为具有对称性的四连杆运动,在一个周期内相对体轴所在平面对称的连杆角度变化量相同。其在一个周期内,简化扑翼运动形式如图 3.10 所示。

但前文所假设的扑翼力模型不存在翼折叠现象,所以只需要捕捉翼根扑动角

的角度值 β。对于角度值的捕捉和测量，方法与捕捉关节角度值相同。扑动角为翼前缘与垂直于体轴所在身体对称面的平面的夹角，图中鸬鹚处于正面迎向，该平面可等价为当扑翼水平时沿扑翼方向的向量，同时翼前缘可表示为沿前缘方向的向量，所以运用向量内积的特性和反余弦函数可求解出扑动角随时间变化的大小。

图 3.10　鸬鹚一周期简化扑翼运动

3.3.1　捕捉方法

为了能够完整获得扑动角的角度值，需要进行 A_1、A_2、B_1、B_2 这 4 个点的捕捉。图 3.11 所示为鸬鹚扑翼运动捕捉点。

图 3.11　鸬鹚扑翼运动捕捉点

图 3.11 彩图

对于扑动角 β，其为鸬鹚翼前缘和飞行平面的夹角，所以对于右翼，取沿翼前缘方向的两点 A_1 和 B_1，为了捕捉坐标的准确性，同时取左翼沿翼前缘方向的两点 A_2 和 B_2。连续捕捉 5 个周期内 A_1、B_1、A_2、B_2 四点的坐标，根据鸟类双翼的对称性，$l_{A_1B_1}$ 和 $l_{B_2A_2}$ 与水平面的夹角时刻相等，所以扑动角可以通过求解 $l_{A_1B_1}$ 与 $l_{B_2A_2}$ 的夹角的一半来获得，表达式如下：

$$\beta = \arccos\left(\frac{l_{A_1B_1} \cdot l_{B_2A_2}}{|l_{A_1B_1}| \times |l_{B_2A_2}|}\right) \quad (3.7)$$

对于直接测量和间接测量的表达如表 3.2 关节角度测量值表示。

表 3.2 关节角度测量值表示

测量值	横坐标表示	纵坐标表示
A_1	x_{A_1}	y_{A_1}
B_1	x_{B_1}	y_{B_1}
A_2	x_{A_2}	y_{A_2}
B_2	x_{B_2}	y_{B_2}
β	$\arccos\left(\dfrac{\text{dot}([x_{A_1}-x_{B_1},y_{A_1}-y_{B_1}],[x_{B_2}-x_{A_2},y_{B_2}-y_{A_2}])}{\text{norm}([x_{A_1}-x_{B_1},y_{A_1}-y_{B_1}],[x_{B_2}-x_{A_2},y_{B_2}-y_{A_2}])}\right)$	

其中，dot 和 norm 分别在 MATLAB 表示点乘和取模的函数，输出数据经过这种方法求出后，可初步分析出扑动角 β 在 5 个运动周期内随时间的变化曲线。

3.3.2 数据处理

图 3.12 所示为鸬鹚扑动角滤波前后对比图。连续截取 5 个周期内的扑动角，从翼尖第一次达到最高点开始，到第六次达到最高点为止，共截取 116 帧，由于手动截取的误差和在 3.3.2 小节中提及的客观存在的误差，对得到的数据采用移动平均法滤波，并取窗口长度为 5，并在 MATLAB 中通过 smooth 函数实现。

$$\beta = \text{smooth}(\beta, 5) \quad (3.8)$$

式中，β 为原始扑动角数据，含测量噪声（如光标捕捉误差）。

图 3.13 所示为鸬鹚扑动角插值前后数据对比图。滤波处理后，由于数据点间隔时间为 1/150 s，在后期积分处理中易造成较大积分误差，所以应该用插值法将时间间隔缩短至 $\Delta t = 0.001$ s，在 MATLAB 中对扑动角数据采用三次多项式形式插值 interp1 函数实现。

$$\beta = \text{interp1}(t, \beta, t_{\Delta t}, \text{'cubic'}) \quad (3.9)$$

式中，t 为原始时间序列，间隔 $dt = 1/150$ s $\approx 0.006\,7$ s，单位为 s；$t_{\Delta t}$ 为插值后的时间序列，间隔为 0.001 s；cubic 为三次多项式插值方法，用于生成平滑的高密度数据。β 为原始扑动角数据，单位为 rad，表示鸟类单翼的上下摆动角度。

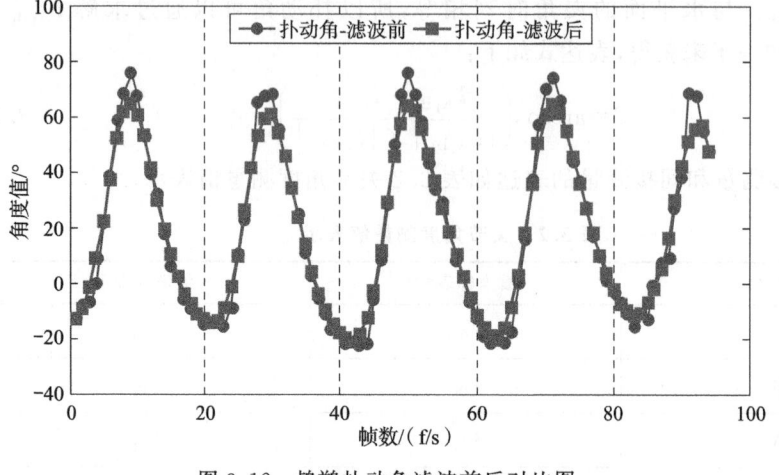

图 3.12 鸬鹚扑动角滤波前后对比图

图 3.12 彩图

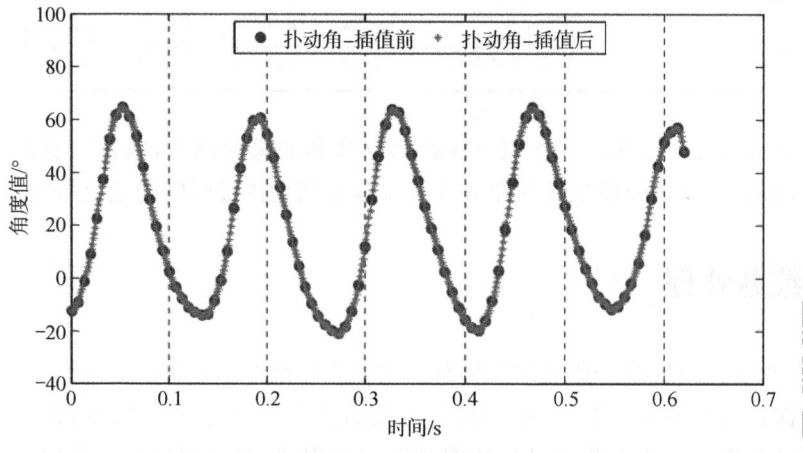

图 3.13 鸬鹚扑动角插值前后数据对比图

图 3.13 彩图

根据所捕捉的鸬鹚扑动角随时间变化的曲线逼近余弦曲线,同时根据文献[4,5]调查鸟类扑动角函数形如:

$$\beta = \beta_0 + \beta_{\max} \cos(2\pi f t) \qquad (3.10)$$

式中,β_0 为静态扑动角,单位为 rad,表示翅膀在平衡位置的基准角度;$\beta_{\max}$ 为最大扑动角振幅,单位为 rad,表示翅膀上下摆动的幅度;f 为扑动频率,单位为 Hz,表示每秒扑动次数。

将数据导入 MATLAB 的 cftool 拟合计算工具箱中,拟合方式选择傅里叶函数形式进行拟合,设定好初始拟合参数,鸬鹚扑动角拟合曲线如图 3.14 所示。

从图 3.14 的拟合曲线可分析,鸬鹚在水面起飞时,扑动角 $\beta_0 \approx 20°$,$\beta_{\max} \approx 40°$ 以及 $f=7.5$ Hz。

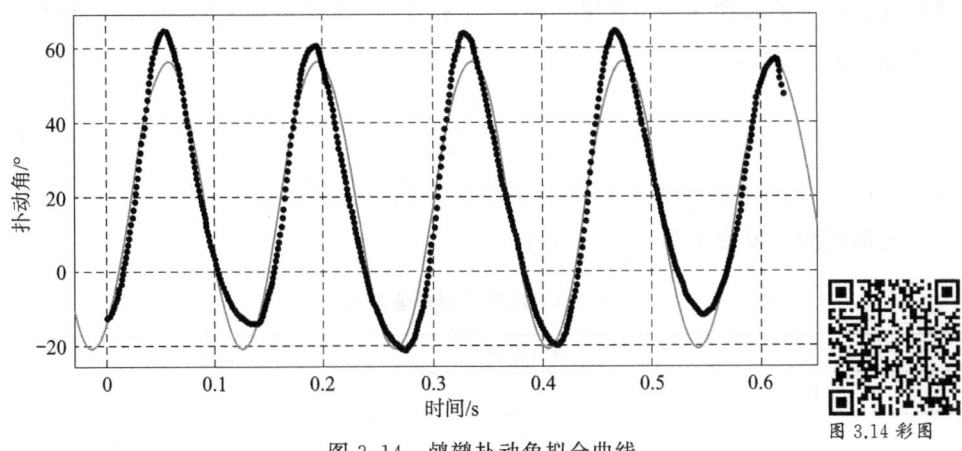

图 3.14 鸬鹚扑动角拟合曲线

下面捕捉鸬鹚五周期内在竖直方向和水平方向的运动轨迹,因为捕捉值为直接测量量,所以不需要经过间接计算得到。但是实际位移大小和视频中截取到的位移大小存在等比例缩放,所以需要先对视频进行标定,明确缩放比例尺 k。然后以鸬鹚喙尖为捕捉点,并以鸬鹚在水面上留下的水平划痕为参考水平线,进行竖直方向位移 s_{vertial} 的捕捉。

由于鸬鹚在水平方向移动距离较大,所以视频拍摄镜头在鸬鹚准备超出边界时跟随鸬鹚身体移动,已知拍摄地点距离鸬鹚较远,同时摄像机镜头移动不明显,视野广角移动较小,所以将摄像机视野角移动视为无影响。鸬鹚在水平方向的移动以喙尖为捕捉点,且以鸬鹚在水面上拍击产生的水花中心为参考坐标系,计算鸬鹚在每一帧内与最近周期内产生水花的距离,同时捕捉最近周期产生的水花与该周期处上一周期产生的水花之间的距离,最后将数据进行叠加处理。为有效减少各种人为误差带来的影响,进行 5 次运动轨迹捕捉,最后求取数据计算平均值。

3.4 位移的捕捉

3.4.1 捕捉方法

1. 长度标定参数

正常成年鸬鹚的平均身长为 84 cm[30],以此身体长度数据为标准,在视频轨

迹捕捉中每一帧分别标定头和尾部两点 H 和 T,并计算两点距离,求取比例尺 k,其表达式如下:

$$k = \frac{|l_{HT}|}{84 \text{ cm}} \tag{3.11}$$

式中,$|l_{HT}|$ 为图像中参考点 H 和 T 的实际距离,单位为 cm。

比例尺测量值表示如表 3.3 所示。

表 3.3 比例尺测量值表示

测量值	横坐标表示	纵坐标表示
H	x_H	y_H
T	x_T	y_T
k	$\dfrac{\sqrt{(x_H-x_T)^2+(y_H-y_T)^2}}{84 \text{ cm}}$	

通过求解每帧 k 值,从而对每帧进行标定。

2. 竖直方向位移 s_{vertial} 捕捉

因为位移量是长度量,所以可直接通过坐标计算再经比例缩放求得。竖直位移量的计算需要对三点 Y、Y_{m1}、Y_{m2} 进行捕捉,其中 Y 表示鸬鹚喙尖坐标点,Y_{m1}、Y_{m2} 表示鸬鹚水面路径方向上两点。竖直位移量实际上是喙尖坐标点到水面路径的垂直距离,采用点到直线距离公式求解:

$$d = \frac{|Ax+By+C|}{\sqrt{A^2+B^2}} \frac{1}{k} \tag{3.12}$$

式中,A、B、C 为水面路径直线的方程系数,由点 Y_{m1} 和 Y_{m2} 的坐标计算得出;x、y 为脚踝点 Y 的坐标,单位为像素(PX);k 为比例尺系数,将像素距离转换为实际长度,单位为 m。

竖直方向位移测量值表示如表 3.4 所示。

表 3.4 竖直方向位移测量值表示

测量值	横坐标表示	纵坐标表示
Y	x_Y	y_Y
Y_{m1}	$x_{Y_{m1}}$	$y_{Y_{m1}}$
Y_{m2}	$x_{Y_{m2}}$	$y_{Y_{m2}}$
s_{vernical}	$\dfrac{|(y_{Y_{m2}}-y_{Y_{m1}})(x_Y-x_{Y_{m2}})-(x_{Y_{m2}}-x_{Y_{m1}})(y_Y-y_{Y_{m2}})|}{\sqrt{(y_{Y_{m2}}-y_{Y_{m1}})^2+(x_{Y_{m2}}-x_{Y_{m1}})^2}} \dfrac{1}{k}$	

3. 水平方向位移 s_{horiz} 捕捉

利用参考系变换的差值计算的方式求解水平方向的位移，对每帧图像中出现的水花中心进行捕捉，表示为点 $X_1, X_2, \cdots, X_3$ 同时捕捉鸬鹚喙尖坐标点 X。在每帧图像中，标记距离当前喙尖最近的水花中心点 $X_i(i=1,2,3,\cdots,n)$，对于五周期内每时刻鸬鹚起飞水平方向位移表示为

$$s_{\text{horiz}} = \frac{d_{X_i} + \sum_{j=2}^{i} d_j}{k} \qquad (3.13)$$

式中，d_j 为第 j 个水花中心与第 $j-1$ 个水花中心的水平距离；d_{X_i} 为当前鸬鹚喙尖与当前水花中心点 X_i 的水平距离。水平方向位移测量值表示如表 3.5 所示。

表 3.5 水平方向位移测量值表示

测量值	横坐标表示	纵坐标表示
X	x	y
X_1	x_1	y_1
X_2	x_2	y_2
⋮	⋮	⋮
X_n	x_n	y_n
s_{horiz}	$\dfrac{(x-x_i)+\sum_{j=2}^{i}(x_j-x_{j-1})}{k}$	

为防止较大误差产生，对同一范围图像帧多次取值，总共捕捉 5 次数据，在最后计算时求平均值，以减小误差值。

3.4.2 数据处理

由于人工取点会造成一些不可避免的误差，导致数据会有一定程度的波动，为削弱这种波动，使数据趋势更加明显，采用移动平均法滤波，窗口长度取 5，并在 MATLAB 中通过 smooth 函数实现。

$$s_{\text{vertical}} = \text{smooth}(s_{\text{vertical}}, 5) \qquad (3.14)$$

$$s_{\text{horiz}} = \text{smooth}(s_{\text{shoriz}}, 5) \qquad (3.15)$$

式中，s_{vertical} 为竖直方向的位移，s_{shoriz} 为水平方向的位移。

同时为使数据点能与第 5 章动力学仿真所得数据进行对比,需要将数据进行插值处理,将时间间隔缩小到 0.001 s,并在 MATLAB 中对扑动角数据采用 3 次多项式形式插值 interpl 函数实现。

$$s_{\text{vertical}} = \text{interpl}(t, s_{\text{vertical}}, t_{\Delta t}, \text{'cubic'}) \qquad (3.16)$$

$$s_{\text{horiz}} = \text{interpl}(t, s_{\text{horiz}}, t_{\Delta t}, \text{'cubic'}) \qquad (3.17)$$

3.4.3 轨迹图

经过数据处理后,鸬鹚运动轨迹以及水平方向和竖直方向随时间变化位移如图 3.15、图 3.16、图 3.17 所示。

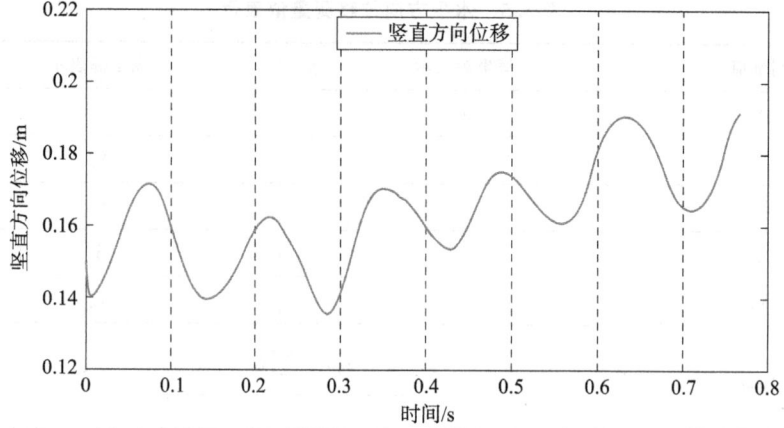

图 3.15 鸬鹚竖直方向位移-时间曲线

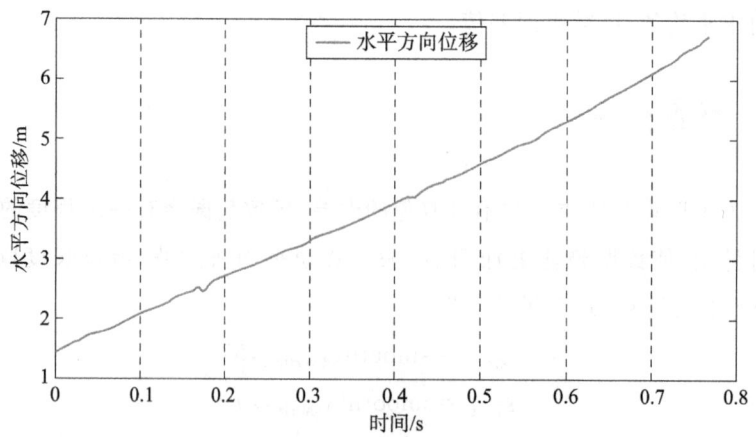

图 3.16 鸬鹚水平方向位移-时间曲线

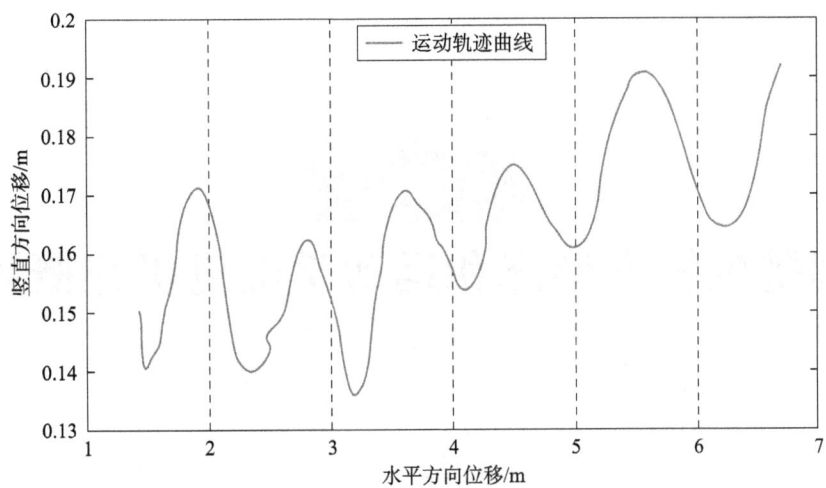

图 3.17　鸬鹚运动轨迹竖直-水平位移曲线

从图中分析可知,鸬鹚在五周期内的水平移动距离达到 5 m,平均速度约为 6.5 m/s,其在竖直方向的位移在固定高度上波动,说明在起飞期间周期内扑翼力在竖直方向上产生动量不足以抵消重力,脚蹼力在其中为支撑鸬鹚身体保持在水面平稳前进有一定贡献。

3.5　本章小结

本章针对现有鸬鹚水面起飞运动视频进行分析,并对鸬鹚腿部关节角度值、扑动角、水平位移和竖直位移进行数据捕捉和处理,为仿真模型验证提供了可供验证的输入输出数据。

第 4 章
鸬鹚生物学形态和运动学推进研究概述

在生物学研究方面,科学家们对具有卓越水面运动能力的生物进行了大量的实验研究工作,从材料学、机构学、运动学、流体力学等角度揭示了它们的水面/水下运动机理。对水动力机理的研究对于仿生水面/水下推进机构的设计,乃至水上/水面推进仿生机器人的研究具有重要的意义。

4.1 引言

近年来国家对海洋权益的重视程度不断加大,水空跨域航行器逐渐成为科研人员的关注热点,且现已诞生了很多基于自然界生物(如飞鱼、蜥蜴、水鸟等)的优质进化而研制成的在空中、水下以及水空介质交接层均能正常运行的机器人。该种机器人能够在两种不同的介质实现正常运转,是学者们对气动布局和水动布局的综合考虑的结果,也是依据相关两栖生物的运动动力矢量部位(器官)进行比对设计的成果。跨介质航行器采用的水面滑跑、水面垂直起飞的由水至空的过渡方式以及滑落、溅落两种由空至水的过渡方式都是仿生学的典范[31]。

类球体在交错介质平面运动的力学分析为鸬鹚的跨界运动过程提供了理论力学模型,说明这种由水入空气的运动的力学特征可用面积积分来计算。基于相同的接触平面针对微小的面积单元应用斯托克斯定理进行动力学分析,跨介质平面的一系列特征标量和物体的相关标量参数构造物体出水过程动力学计算公式为

$$|F| \sim mg + \rho U^2 L^2 + \rho g H L^2 + \rho L^3 \frac{\mathrm{d}U}{\mathrm{d}t} + \mu U L^2 + \sigma \frac{1}{\omega} L^2 - \nabla \sigma L^2 \quad (4.1)$$

当动物与气水界面相互作用时,几种流体力作用在身体上。其中 m 为体质量(kg),g 为引力常数(m/s^2),ρ、μ、σ 分别为水的密度(kg/m^3)、动力黏度($Pa \cdot s$)、表面张力(N/m)。U 为特征速度,H 为无扰动自由面以下深度,δ 为边界层厚度,L 为特征长度。上述方程的项分别是简单的重量、形状阻力、浮力、附加质量、表面摩擦、表面张力和马兰戈尼应力。形状阻力是稳态或准稳态流动产生动压力的结果;当身体漂浮在水中时,浮力产生一个向上的力;如果身体在加速,它会导致它周围的液体也加速,从而产生额外的虚拟质量,因此得名"附加质量";表面摩擦是边界层沿湿体产生剪应力的结果;表面张力沿着空气/水界面产生张力,从而在特征长度上产生一个力;当表面活性剂引起的表面张力梯度在全身产生不同的应力时,马兰戈尼应力就发生了。

4.2 水空两栖生物进化折中权衡机制

4.2.1 水空跨介质形态和功能进化权衡

大多数生物的系统进化谱系在栖息地使用方面是保守的,自然界中少数具备多介质多模式运动能力的生物,拓展了原有的栖息场所,客观上提高了自身生存和适应能力(逃逸、捕食、节能等)。由于流体在外力作用下极易变形和移动错位,加上空气和水的性质差异,导致在特定流体介质中,尤其是水空转换跨介质高效运动的动物需要特定的形态特征[32]。动物在不同介质之间移动时,面临着在一种介质相对于另一种介质中最大化功能之间的权衡,有效运动的选择性压力可以产生大量形态差异,因而只有少量物种完全掌握了同时在空中飞行和水下游动的能力。它们通过自然选择和自我简化,在不同运动模式之间适应过渡。

不论是从觅食需要还是躲避天敌,大多数的水鸟和飞鱼都在飞行和游泳之间不断进行权衡,不断进化生物体本身的身体结构和形态。并且衍生出了多种各具特色的运动方法。既会飞又会潜水的动物可能接近飞行和非飞行的功能界限,鸬鹚的两栖能力是由于在不同介质中推进运动最优化的权衡而进化出来的。在某种程度上,为了提高跨介质两栖运动运动效率而进化出的形态结构需要生理上不可持续的单一空中或水下运动成本。通过对这些物种两栖跨介质运动模式对应的不同的结构和形态的折中和权衡方式进行系统的研究对于水空两栖跨介质运动进行分析和研究具有重要的意义。Fish 研究了飞鱼的翅膀翼型和身体比例对于飞行性能的影响,提出飞鱼跨域飞行的稳定性得益于其接近于水的身体密度[33]。从功能的角度来看,动物的重量相对于它的升力表面是决定飞行代谢成本的关键因素[34],这一点在我们对鸬鹚的生物测量中也有类似的结论[35]。水下航行要求飞鱼身体密度大于其他体型相近的惯常飞行的动物,进而导致飞鱼具有更高的翼载荷和升阻比。由于鸬鹚的身体密度接近水(全身密度约 0.75 g/cm³),因此保证了水面起飞的稳定性。但是翼载荷过大,以及起飞过程需要较高的升阻比,使得脚蹼助力在起飞阶段的作用非常关键。另外鸬鹚长期出入水的觅食习惯在进化中使得翅膀的作用越来越小,适合游泳的脚蹼被选择并成为优异的进化特性,这种特有的进化体型和运动方式使得脚蹼在出水飞行中起到关键作用。图 4.1 为飞行脊椎动物的飞行成本和形态的比较。

图 4.1 彩图

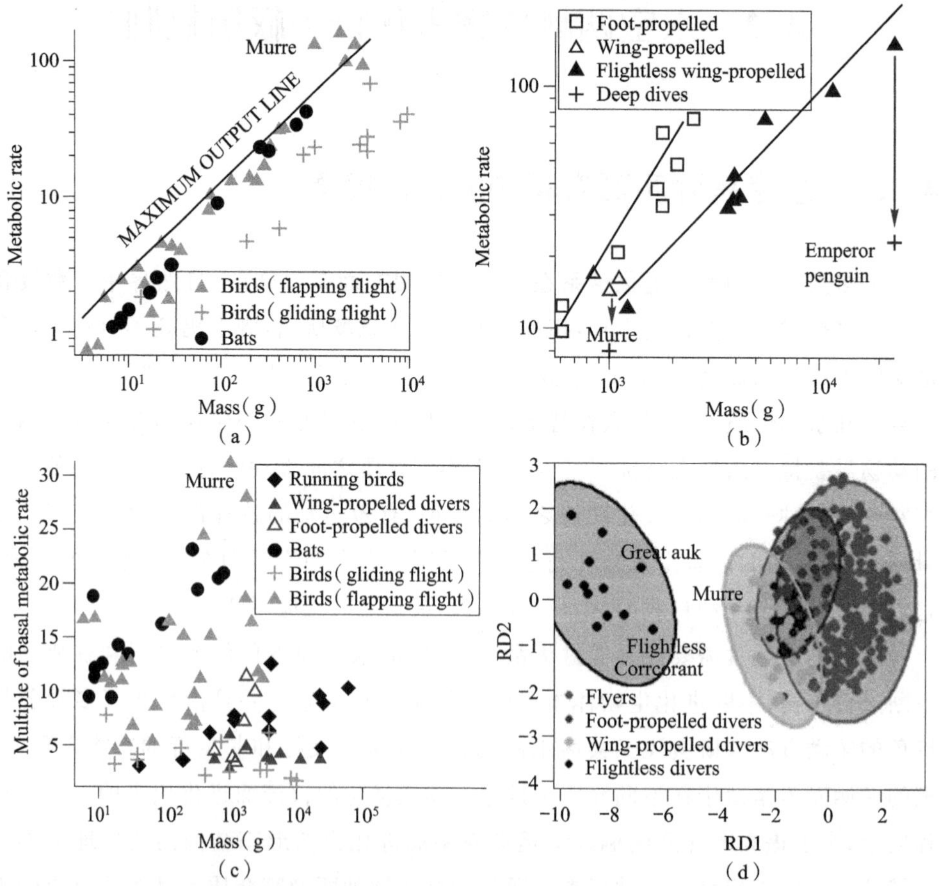

图 4.1 飞行脊椎动物(主要是鸟类)的飞行成本和形态的比较[36]

基于上述研究可知,两栖类水鸟必须克服祖先的飞行适应性,并与水生生活方式作斗争。通常来说翼翅推进的两栖水鸟,胸部肌肉包裹着身体核心部分,这使得它们能够很好地调节身体核心温度、肌肉温度和肌肉中的氧气供应,从而在深海潜水期间将成本降到最低。而以脚蹼推进为动力的潜水员中,腿部肌肉与身体核心部分是分开的,因此运动中必须产生更多的能量以维持体温和支持正常的运动,这就要求此类运动具有较高的均推力和爆发力。从另一个角度解释,在哺乳动物中,基于推力的效率低于基于升力的效率[37];但在水空推进的捕食和逃逸过程中,鸬鹚作为脚蹼推进产生拖拽力的代表,采用基于推力优先的运动策略可以提供更直接、实时的线性或非线性动力响应,产生较大加速度。这种瞬时爆发力的推进策略也更符合我们研究生物水空跨域转换运动的初衷。

4.2.2 水陆两栖水鸟运动能力的进化折中

许多水鸟都有全掌状足或部分蹼状(掌状)足,鸭子、鹈鹕、潜鸟和鸬鹚等是典型的脚蹼推进的两栖水鸟,都具有蹼状的双足,但蹼足形状不尽相同。图4.2(a)和(b)所示为鸟类蹼足的分类。

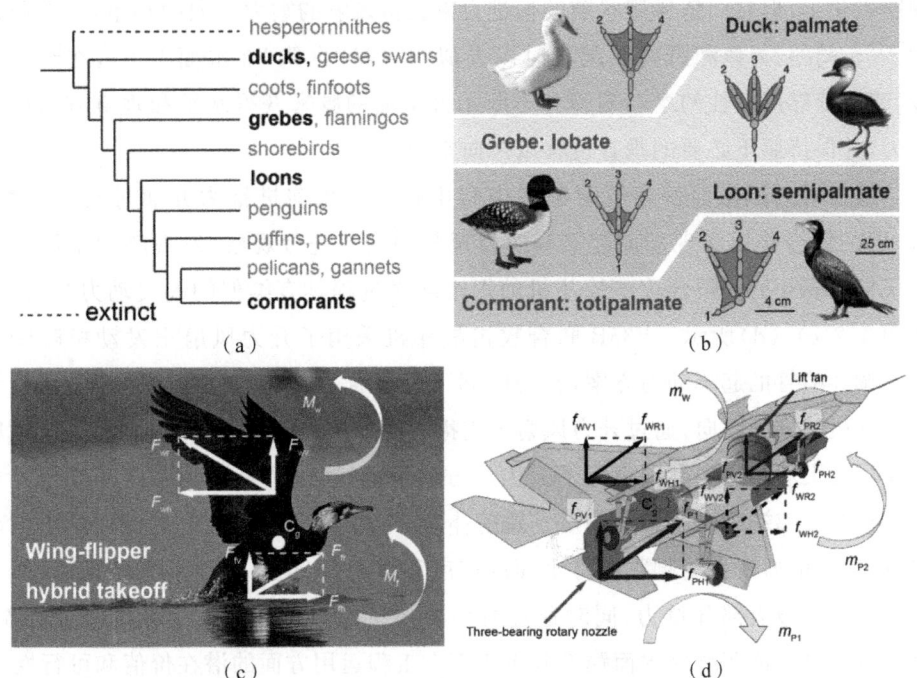

图 4.2 研究鸬鹚水面短距起飞的仿生学依据,包括生物学进化、形态学适应和工程学耦合

即使只对足走水禽运动学的一个子集进行研究,目前也没有一致的收敛模式。大多数蹼助水起飞水鸟的脚趾间有蹼,以增加脚的表面积。然而,在这种普遍性下,脚的形状表现出了显著的多样性。大多数水禽有3个有蹼的趾,后趾缩小。鸬鹚是全掌状的,四趾都有蹼,脚蹼是由皮膜将脚趾连接起来,形成一整个的三角形脚蹼,这种蹼足叫做"满(全)蹼足";而其他典型的水鸟有叶状足,蹼状区域(趾Ⅱ~Ⅳ)是叶状的,脚蹼是脚趾的两侧皮肤向外延伸,使得脚趾变成了花瓣一样的形状,每根脚趾仍然是独立的,所以叫做"瓣(半)蹼足"。鸭子通常前后划而鹛鹛做侧弧线划动[38],已经有人提出,鹛鹛足的不对称裂片水翼能产生升力。在整个进化过程中,以脚为动力的水鸟的躯干进化为流线型,以适应水生生活方式。另外,腿的位置靠近尾巴,便于潜水。足推进水鸟的众多血统对理解水下运动的物理挑战特别有帮助,这些解剖学上的适应也导致了陆地行走的不稳定性,代表了行走和游泳之间的功能权衡。为了防止跌倒,克服腿短造成的不平衡,水鸟没有像家禽那样纤细有力的脚趾,它们需要在走路时抬起胸部并伸展脖子。水鸟在行走时,身体的重心移动幅度范围远大于人和家禽,步幅较小,因此表现出前倾的行走姿态,这种结构在步行过程中不容易在陆地上保持平衡。因此,在地面上行走时,它看起来不像家禽那样平滑。然而,水鸟所具备的游泳能力和潜水能力都值得研究和模仿,尽管翅膀退化了,但它们依靠鳍状肢的推进力来获得足够的重力方向的动量,并向前运动[39]。鸬鹚、天鹅和野鸭在起飞时以类似的方式"奔跑"在水面上[20],在起飞阶段,鸬鹚依靠周期性的扇动翅膀和不断拍打水面的脚来获得水平和垂直方向所需的力,并保持躯干必要的垂直位移以飞向空中。

通过对鸬鹚水面快速短距起飞中利用脚蹼产生前进推力并通过头、颈、翼、脚、尾的耦合作用实现水面起飞姿态自调整的现象进行观察,发现鸬鹚水面蹼助起飞同美国F35B联合攻击战斗机的短距起飞过程具有类似的起飞动力学机理,如图4.2(c)、(d)所示。F35B联合攻击战斗机采用了升力风扇+发动机喷管下偏+调姿喷管的起降动力方案,在短距起飞过程通过调节三轴承旋转喷管来控制主发动机的推力方向,通过升力风扇来支撑大部分重力,三轴旋转喷管和升力风扇的作用力大小和方向共同决定了升力线方向;同时通过调姿喷管的差动开闭实现滚转控制。鸬鹚采用了脚蹼拍水+翅膀扑动+头、颈、翼、脚、尾复合调姿的水面起飞方案,其中通过控制脚蹼拍打水面的速度和攻角,产生斜向前上方的推力,通过扑动翅膀克服大部分重力,同时通过身体各部位的耦合作用实现姿态平衡控制。这种方式可以证明鸬鹚水面蹼助起飞机理在工程运用方面的潜在价值和可行性。

水空两栖水鸟可能会受到强大但相互冲突的选择压力,以增强兼具水空运动的能力,原则上这是不可能同时优化的两个任务,需要相互不兼容的形态或生理。此外,许多类型的特征都可能出现冲突的最优解,我们从性能容易量化和最容易识别的特征出发进行了推测和验证。水空两栖生物的进化折中权衡机制应用在跨域航行器上演化为跨域航行器的外形与变体技术,跨域航行器需满足空中飞行、水下潜航和跨介质过渡构型等多种要求,变体和仿生技术是在同一平台上实现跨介质航行的最佳途径。根据任务剖面中航行介质特点重新构建气/水动与结构布局,改变全机布局外形,以便适应不同介质环境、不同速度的任务需求,使跨域航行器空中飞行、水下航行及跨介质过渡等状态的气动/水动特性整体达到最优。

4.3 典型水空两栖生物水空跨介运动

4.3.1 水空跨介质生物的推进机理

自然界的许多水空跨介运动生物(半水生动物和潜水鸟类)的结构和形态有利于穿越不同介质进行运动,其水空转换推进方式具有机动能力强、动力效率高、耐力强等优势。游动力学参量的范围比较广,包括运动 Reynolds 等。Lighthill 根据产生推进的不同方法,将两栖生物水空转换推进机制大致分为振荡(波)推进、水翼推进、喷射(反冲)推进、划拨推进四类[40]。针对不同尺度、不同运动情况的水生物游动,人们已提出若干涡流分析和数值计算方法。图 4.3 所示为水空两栖生物跨介质运动模式。

(1)振荡推进:多数体形细长鱼类以尾鳍摆动产生向前的推力涡,少数鱼类也靠摆动背鳍、胸鳍和腹鳍来游泳。

(2)水翼推进:体型较大的动物使用流线型的体型和运动器官游泳,如企鹅、海豚、鲸鱼、海龟、金枪鱼等。

(3)喷射推进:动物用其器官(一般为弹性很大的呼吸鳃和套膜腔肌肉)喷水以产生推力游泳,如乌贼、章鱼和扇贝。

(4)划拨推进:动物利用脚蹼和腿划水产生推力,获得起飞的初速度,如两栖水鸟类中的游禽(包括鸭、鹅、鸳鸯等),以及两栖类的蝾螈、青蛙等。

图 4.3 和表 4.1 所示为多种生物水空两栖运动实现方式,这些生物都通过自然界的不断进化逐渐的进化出适合自己生存环境和食物链特点的身体结构和形

态,从而出现了多种不同的水陆两栖多模式运动机制[41]。在这个生物学启发的过程中,重要的是只采取原理,而不是照搬动物的确切形态。因此,我们采用"启发-抽象-实现(IAI)"的生物启发机器人设计范例。虽然每种动物都有一套独特的运动方式,但仍然可以从中提取出几个重复出现的出水原则。最重要的原则是:①使用变体机翼,②使用喷气推进冲量出水;③通过使用飞行动量出水。

图 4.3 水空两栖生物跨介质运动模式[41]

表 4.1 常见典型水空两栖生物跨介运动综述

	空中飞行	入水	水下航行	出水	带水飞行
飞鱼	地面效应飞行以减少阻力,薄而灵活的翅膀保证了稳定性	侧鳍平伏在身体上	摆动尾鳍推进,鱼鳔可以改变浮力	靠推进鳍在水下滑行加速[42]	疏水性黏液有助于排水
鸬鹚	有羽毛有动力的翅膀撑起较大的体重[43]	减速下降,软着陆,从水面跃起的短俯冲	脚蹼拍水推进为主,折叠翅膀压缩空气以减少浮力	靠扑翼和脚蹼拍打水面	岸上风干[44]

续表

	空中飞行	入水	水下航行	出水	带水飞行
飞乌贼	喷水推进提供推力,椭圆形鳍以减少张力	前鳍平伏在身体上,后鳍呈流线型向后	喷水推进或扑鳍,间歇运动用来保存能量	高速跳跃,水射流推力加速	受肌肉和氧气限制
鲣鸟	高展弦比机翼盘旋,有羽毛的翅膀适应风扰动	机翼后掠90°,快速俯冲响应,气囊缓冲冲击	波动运动改变水中姿态,由潜水动量获得上升的浮力	靠扑翼和脚的推进	防水的羽毛会散发水分
海雀	通过快速拍打飞来补偿翅膀较小的特点	减速下降,软着陆,由静止状态入水	扑翼推进,翅膀变短,压缩空气以减少浮力	靠扑翼和脚的推进来滑行	岸上风干
水甲虫	昆虫靠快速扇动后翅飞行	由静止状态入水,后翅膀折叠在前翅下	合翼蹬足推进,机翼下的空气用来呼吸	一般从岸上起飞	岸上风干

推进系统的主要挑战是输出起飞所需的非常高的功率。例如,飞鱼在水下的速度约为每秒20个身长。这种性能比目前游泳机器人的性能高出一个数量级。此外,机械装置的小型化将给制造微型航行器带来困难。水射流推进是一种可替代的、易于扩展的推进方式。使用预充或直接产生的压力,利用可伸缩机构喷射水流,就能在水中或空中产生推力。在动物界,大小从几厘米到几米不等的飞行乌贼可以借助水射流进行推进,证明了这种方法的效用和有效性。

大多数动物都有一种折叠翼机构,可以保护它们脆弱的翅膀结构。折叠翅膀也被许多鸟类用来主动调节翅膀形状,以启动和引导动态飞行行为。所有水空两栖动物都有某种可折叠的翅膀。最值得注意的是,飞鱼和乌贼利用它们在空中保持升力,而在水中则通过变换形状,从而有效地游泳。鲣鸟还会折叠翅膀,以减少潜水时对身体的冲击力,使它们能够轻松潜入水中。水面出水则是本节的研究重点,鸬鹚等水鸟不需要水下高密度、高爆发的能量输出,只需要从水下先转移到水面,通过脚蹼和翅膀的控制配合,完成起飞的有效动作。

水上起飞的一个重大挑战,微型飞行器通常没有足够的动力从水中过渡到飞行。我们在表4.2中总结了几种具有空中到水上能力的动物不同的运动模式,尽管每种动物都有自己独特的运动模式,但是在出水阶段的策略离不开高密度功率输出和辅助动力推进。

表 4.2　水空两栖多模式运动机制

介质	运动模式	鸟类	爬行动物	两栖动物	鱼类	哺乳动物	节肢动物	头足类动物
水/空	翼/鳍拍动	Y	Y	Y	Y	—	—	—
	翼/鳍波动	Y	Y	Y	Y	Y	—	—
	蹼助推进	Y	Y	Y	—	Y	—	Y
	喷射出水	—	—	—	—	—	Y	Y
	水面滑跑	—	Y	Y	Y	Y	Y	Y

4.3.2　水下冲击出水(冲量型)

物体在水中向任何方向运动都要遇到以下 3 种阻力:摩擦阻力(无论低速还是高速始终存在)、兴波阻力(随速度增减而增减)、涡流阻力(随速度增减而增减)。这 3 种阻力的构成比例随运动速度而变化。比如低速时由摩擦阻力和涡流阻力构成,而在高速行驶的时候则由兴波阻力和涡流阻力构成。

鸬鹚是用于研究水中起飞机制的未开发资源,目前国内还尚未开展过针对其快速的水空响应特性的研究。鸬鹚在水中每一步态所产生的力不仅必须完全抵消重力,还要提供支撑起飞所需的升力和推力。然而,水的密度大约是空气的 800 倍,黏度是空气的 50 倍。即使在低速下,增加的水密度也会给鸬鹚施加较大的阻力以抵抗向前的运动[45]。虽然已经对单个动物进行了跳出水面的研究,但对跳跃高度与体型的关系在一系列类群中的机制理解仍是未知的。在这项研究中,我们研究了水动力机制和几何学,使水生和半水生动物跃出水面。当海豚、鱼或企鹅等动物跳出水面时,它们会经历一种复杂的水动力机制,黏性、惯性和重力以一种不确定的方式作用于其身体。动物跃出水面产生的飞溅和水花,是由于水下动物推动水前进的惯性,而不是一个额外的阻力产生机制。只有当动物的弗劳德数(惯性与重力之比)少于 6 时,波阻才会变得显著,但是,从水里跳出来的动物通常有更高的弗劳德数目[46],然而相对于它的体型,其游泳速度是有限的。当肌肉难以保持加速度的时间时,大型动物的速度就受到了限制。

这类型的运动特点是无须经过水面直接从水下向空中介质过渡,目前还没有一个共同的基础理论来阐明跳出水面所需要的物理约束。通过实验验证,Chang 提出了控制水生动物跳跃高度的水动力共性,即跳出水所需的身体条件:附加质量相对于出水体质量的大小限制了最大跳跃高度[47]。因此,水生动物利用冲量型冲击跳出水面的主要策略是减少夹带流体的影响。通常来说跳跃行为由两个无量纲的量决定跳跃：弗劳德数（慢性与重力之比）和韦伯数（惯性与表面张力之比）。通过平衡能量异速关系（能量随体型的尺度变化）与阻力能耗，研究发现两栖动物跳跃高度的尺度规律为：$H/L \sim L^{-1/3} \sim Fr^2$ 其中 H 为跳跃高度，L 为体长，F_r 为弗劳德数。图 4.4 所示为常见的水空两栖生物冲击出水时的垂直距离与水平距离之比。图 4.5 所示为各种动物在正常跳跃时的 H/L 与 Fr^2 两个值的对照。有的论点认为陆生动物的跳跃高度几乎与体型无关，即 $H/L \sim L^{-1}$[48]。这意味着像跳蚤一样小的东西可以跳得和人一样高。水空两栖动物并不遵循与陆生动物相同的跳跃规则，这是由于大部分能量被水吸收了。2004 年 Nauwelaerts 提到了滑移因子，即 $sf = U_{snout}/(U_{snout} - U_{ankle})$ 定义的比率[49]。滑移系数为 1 表示没有滑移（接近地面跳跃者），滑移系数为 0 表示有最大滑移。水上跳跃者在这个范围内跳跃，这可以解释与陆地跳跃者在缩放法则上的不同。

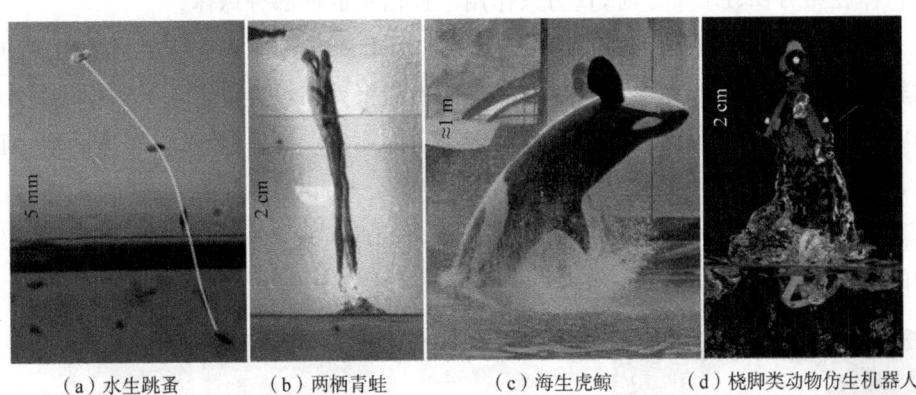

(a) 水生跳蚤 (b) 两栖青蛙 (c) 海生虎鲸 (d) 桡脚类动物仿生机器人
($H/L \approx 10$)　($H/L \approx 1.1$)　($H/L \approx 0.7$)　($H/L \approx 2.6$)

图 4.4　常见的水空两栖生物冲击出水时的垂直距离与水平距离之比

图 4.5 彩图

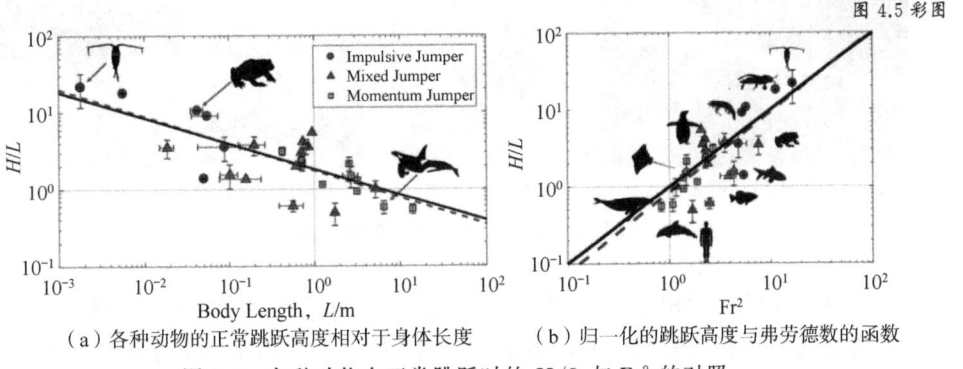

(a) 各种动物的正常跳跃高度相对于身体长度　(b) 归一化的跳跃高度与弗劳德数的函数

图 4.5　各种动物在正常跳跃时的 H/L 与 Fr^2 的对照

4.3.3 水面滑跃起飞(动量型)

动物在水面游泳时,它会把水推开,就像使用传统排水量船体的船只一样,在排水型船体周围的流动在船首和船尾产生横波。波浪是由周围不同的水流的压力变化引起的,流体阻力和船体波强度均随速度呈指数增长,并与身体形状和大小有关。为了使躯干呈流线型,专门游泳的鸟类有狭窄的骨盆,并通过短股骨和长脚掌向尾部移动脚[50]。而肌肉力量和收缩速度限制了动物后肢在水中移动的速度,使肢体支持力最大化的足部尺寸也可能在后肢缩回过程中产生向下阻力[51]。先前的研究中得到水下机器人跳跃的尺度规律为 $H/L \sim Fr$ [52]。在轴对称体穿过介质面的实验中,出现了部分跳跃的尺度为 $H/L \sim Fr$ 和 $H/L \sim Fr^2$ 的转换,这是因为当物体在弗劳德数小于1时,重力只作用于逸出水的那部分球体。

不少生物都可以采用在这种动量型的水面滑跃起飞模式[21],质量较轻、密度也较小的水黾、水蜘蛛等生物可以依靠水面表面张力和弯曲应力在水面推进;质量和密度都较大的水面运动生物(如蛇怪蜥蜴和大部分水鸟)一般都有较大的吃水面积,由于兴波阻力的影响,难以提高速度。定量分析此类大质量、大密度生物水上机理的研究还较少,本书后边的内容讲着重研究此类现象。图 4.6 所示为不同生物的水面奔跑形式。

(a) 黾蝽　　　(b) 水蝽　　　(c) 跳虫　　　(d) 水蜘蛛

(e) 蛇怪蜥蜴　　(f) 北美䴘䴘　(g) 穿戴漂浮设备的人　(h) 海豚

图 4.6　不同生物的水面奔跑形式[21]

蛇怪蜥蜴踏水奔跑过程中,脚掌会在气穴封闭前移出水面,并不断调整姿态适应变化的流场。显然若只从密度方面进行比较,一个平均密度大于水的物体理论上无法漂浮于跨介质面上。脚掌在水中形成气穴并在气穴破碎前出水,在脚蹼踏水使水面成凹形的短暂瞬间符合静力学平衡如图4.7所示。脚掌击打水面时,气穴产生并扩张[图4.7(a)、(b)],水流沿外侧溢出,产生托举力脉冲;脚掌继续下降过程中,气穴收缩[图4.7(c)、(d)],水流涌入上平面,静压力缓慢增大,且托举力缓慢增加;直至水平面漫过脚掌平面后,脚掌上平面的静压力有所增加,托举力产生骤降;之后气穴完全收缩至闭合[图4.7(e)]水流补入平面上侧,脚掌完成入水。出水过程与之相反,在上提脚掌过程中,产生阻力脉冲,在一段距离内逐渐趋于稳定,在出水时阻力又发生骤增。在入水、出水的整体过程中,气穴在脚掌击打液面时形成,成为水鸟、蛇怪蜥蜴等生物跨域运动的关键。

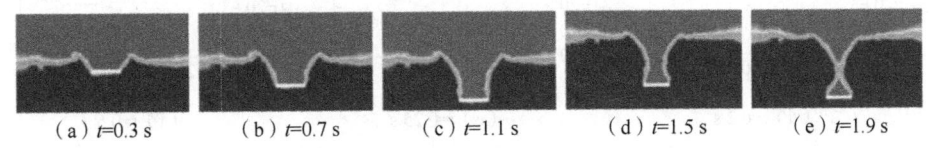

(a) t=0.3 s　　(b) t=0.7 s　　(c) t=1.1 s　　(d) t=1.5 s　　(e) t=1.9 s

图4.7　气穴两相变化

跨域运动的重要部位在脚掌和脚蹼的参与,其间气穴的形成对跨界运动起到了重要的作用。踏水过程中,脚掌的下踏、上提移动与气穴的变化存在显著的时间关联,且伴随着脚掌姿态的不断调整,水鸟和蜥蜴等跨介质过程中,不仅是脚掌部分产生气穴产生了托举力等助力,脚掌入水所形成的角度和脚掌转动变换角度对力学性能同样产生了重要的影响。蛇怪蜥蜴踏水奔跑过程中倾斜进出水不同角度运动的力学模拟,涉及了托举力、推进力和转矩3个自由度的力学特征[53]。图4.8所示为脚掌入水角度和对应平均统计力学关系。

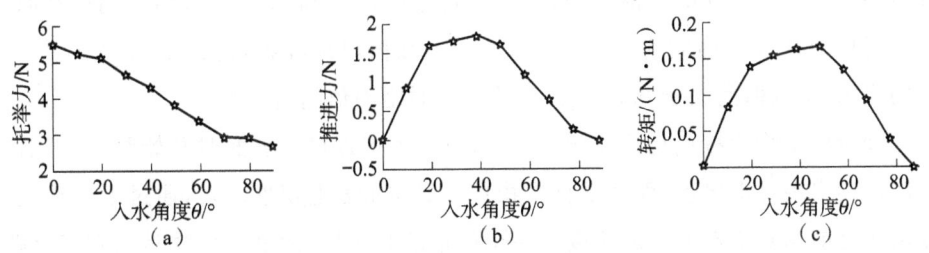

图4.8　脚掌入水角度和对应平均统计力学关系

水鸟、蛇怪蜥蜴等踏水运动过程所采用的入水角度在20°~40°内可达到驱动力的最大化,脚掌在跨介质运动中产生气穴、跨介质过程以和水面形成一定角度运动来增加驱动力。脚掌不断变换姿态来适应跨介质的流场特征,在气穴崩塌前移出水面,进入下个周期的运动。踏水频率维持在5~8 Hz,与脚掌的特征相协调,如此协调完成跨介质的运动。图4.9所示为不同上提时间的平板力学特性曲线。

在入水流场分析的基础上,以数值方式计算了不同上提时间下,平板从水面上

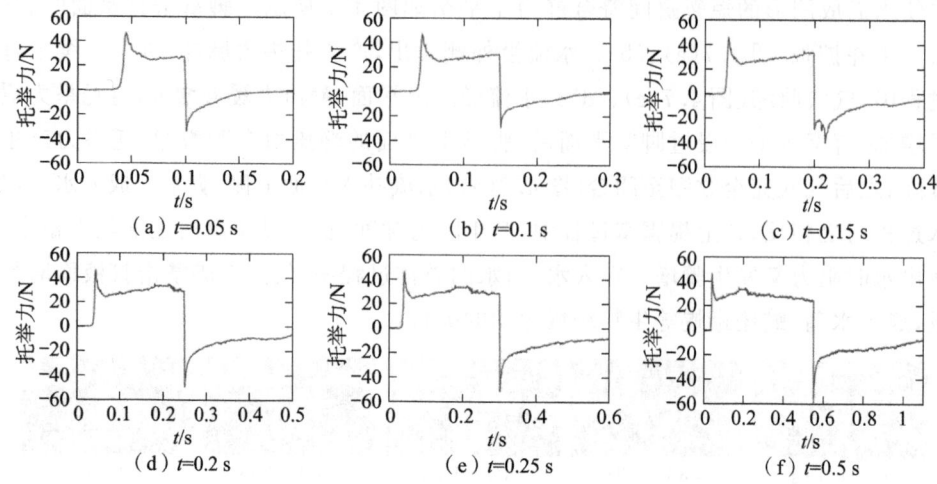

图 4.9　不同上提时间的平板力学特性曲线

0.05 m 处下落再回到初始位置的力学特性曲线,如图 4.9 所示。平板以 1 m/s 恒速进水,在水中仅受到竖直方向的托举力(负值时为阻力)。向下运动阶段,在水面上,平板只受到空气阻力,数值较小;在 0.05 s 时击打水面,产生托举力脉冲;脉冲过后,平板下平面受到的静压力不断增大,托举力缓慢增加;当下降时间稍大于气穴闭合时间,气穴封闭后,水流补入平板上侧,平板上平面静压力增大,托举力突降,然后缓慢振荡。向上运动阶段,在换向上提的瞬间,产生了阻力脉冲,然后阻力数值逐渐稳定至不同的取值范围,上提时间为 0.05 s 和 0.1 s 时,移出到达水面时阻力近似为 0;上提时间为 0.15 s 时,作用力数值出现波动,到达水面时产生了较小的阻力;上提时间大于 0.2 s 后,到达水面时阻力值超过 7 N。

冲量型生物的特点是快速跳跃,在水下运动接近自由表面时开始跳跃,然后用一次运动实现冲击出水;而动量型生物首先要在水面上积累动量,通过不断地运动在出水之前达到稳定的游泳速度。一个简单的类比是,冲量型生物是站立式跳跃,多为具有良好流线型躯体的水生生物;动量型生物是跑式跳跃,多为具有两栖特性的大型生物。水空两栖生物的冲量型和动量型出水方案应用到水空两栖航行器上演化为多维空间跨越适航技术,如图 4.10 所示,典型代表为水上飞机的水上滑行起飞的渐变跨越和潜射导弹出水的瞬时跨越。不同跨越方式代表了不同的任务需求和设计理念,前者受冲击过载小,变体时间和时机宽松,对跨域过程的控制要求不高,但对外形和气/水动布局有严格要求,否则难于实现稳定的滑行加速或减速降阻。因此,该方式适宜载人跨介质航行器等低速航行器;后者航行器受到的冲击过载很大,且要求在很短暂的时间间隔内完成变体过程和发动机模式的切换,变体控制与推进系统设计难度都很高,此外该方式恶劣的过载环境也对航行器的结构、材料提出了较高要求,但该方式介质界面跨越过程简洁、速度快,适宜跨介质攻击武器等高速航行器。图 4.10 所示为英国帝国理工学院提出的水空跨域航行器分类。

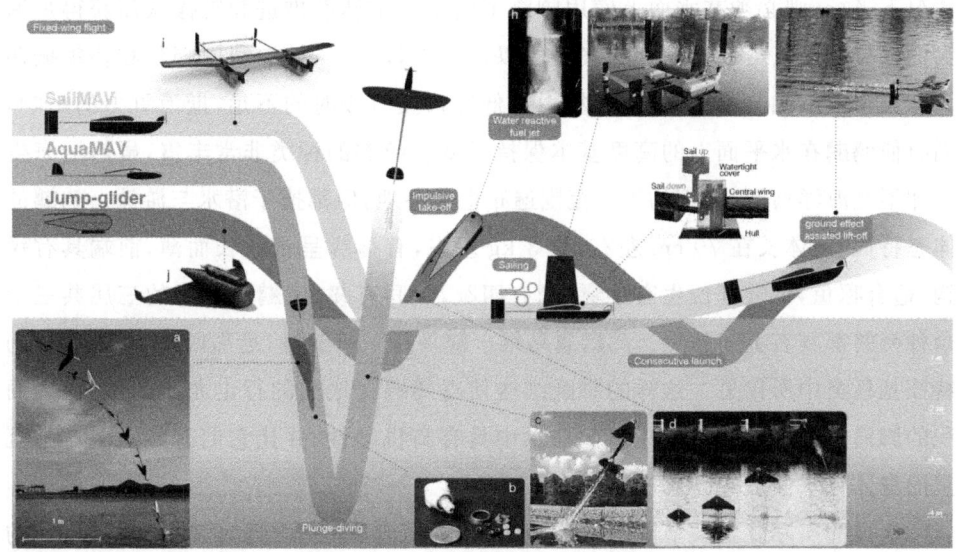

图 4.10　英国帝国理工学院提出的水空跨域航行器分类[54]

4.4　鸬鹚的形态学及运动机理研究

4.4.1　鸬鹚生物阶元分类

经过 35 亿年的进化繁衍,自然界衍生出了各种各样的水空两栖的生存模式。不论是以水下生存为主,空中飞行躲避天敌为辅的飞鱼,还是以陆/空栖息为主、水下捕食为辅的各种水鸟,都隶属于不同的生物学分支,但毫无疑问,它们都进化出了同样卓越的两栖生存能力。研究鸬鹚水面短距飞行的运动机理,对于跨域航行器快速短距水面起飞的仿生机构设计有着重要的指导与参考价值。鸬鹚是一种分布广泛的鸟类,主要分布在北半球以及澳大利亚和新西兰等地,是一种常见的水鸟。作为一种环境适应性强的水鸟,它具有很强的水空两栖能力,它可以在水面下下潜到 40 m 处的位置,同时又可以在水面上自由飞行。在中国等一些亚洲地区,人们通常利用鸬鹚来进行捕鱼就是利用这种鸟类优秀的水空两栖能力,驱使其在水域上空搜寻鱼群所在位置,搜索到后潜入水中通过调整身体姿态和脚蹼的推进进行捕鱼活动,在捕获鱼类后,由于羽毛吸水导致身体重量增大,若鸬鹚想在这种情况下飞行,则必须在水面上使用脚蹼不断拍水来辅助推进和支撑从而获得足够大的来流速度以帮助其顺利起飞。所以在水空转换中,鸬鹚利用脚蹼和扑翼振翅耦合频率不断拍击水面,补充扑翼力在低速来流阶段时的不足,抵消重力的影响,同时使鸬鹚在水平面上的高度基本保持不变。鸬鹚的种类非常丰富,虽然沿海生活却不是海洋鸟类,它们的生活范围遍布世界各地,但都擅于潜水与游泳。鸬鹚的体态特征有:体长 70 cm 左右,重 3 kg 左右,有鸟喙呈锥状长而薄,前端具有锐钩,适合啄鱼,下喉部位生有小囊,脚有四趾,趾间有蹼,鸬鹚科现有的三属共三十余种鸬鹚都具有上述特点。鸬鹚属鸟纲—鲣鸟目—鸬鹚科,足部四趾、四趾蹼连的特征是鸟类中所仅见。这样的脚趾结构使得鸬鹚在地面的行走尤其困难,但大面积的脚蹼加上锐利的脚趾让它们在水中具有高机动性,并让它们有能力使自己沉重的身体在水面上短距离加速起飞。

鸟类的实际膝盖关节隐藏在羽毛下,是永久弯曲的,并通过一根短的、水平的大腿骨连接到臀部关节,如图 4.11(a)所示。对于鸬鹚来说,它们大部分的下肢肌肉组织位于大腿骨和臀部的高处,而腿部的较低摆动部分相对较轻,由长而减重的肌腱移动。鸟类的腿站立时的姿势与人类踮起脚尖蹲下时的姿势相似,如图 4.11(b)所示。具体来说,鸬鹚的脚蹼相当于人类的脚趾和前脚,鸬鹚的胫骨相当于人类的小腿;鸬鹚的脚踝和脚趾之间的骨头,即跗跖骨,比人类的长得多,在功能上相当于人类的前脚到脚踝的部分。

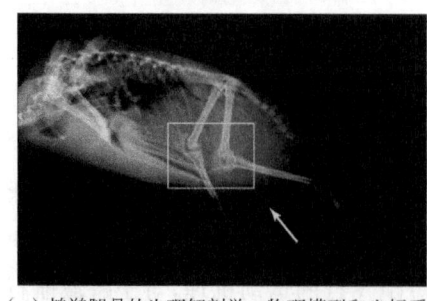

(a)鸬鹚腿骨的生理解剖学、物理模型和坐标系统　　(b)鸟类和人类腿骨的比较解剖学[55]

图 4.11　解剖学中鸬鹚腿骨及与人类腿骨的比较

4.4.2 水鸟后肢力学研究

水面起飞是两栖水鸟飞行的关键,如何完成水空转换,不仅对其自身的活动和生存至关重要,而且对研究鸟类从非飞行祖先的飞行进化史也至关重要。目前已知的飞鸟翅膀看起来是完整的、功能齐全的,与之相比较,同样体型结实、肌肉强劲的运动员却不能跃起在空中飞翔,原因在于鸟类拥有可以支持其飞行的强劲肌肉和翼型,以及特有的进化体型和运动方式。关于鸟类飞行的进化问题的争论已经存在了几十年了[56],即第一个飞起来的生物是如何支撑自己的体重,以及这一套机理是如何完成的。所有假设都赞成无论从地面、树木还是水面起飞的飞行进化场景,都必须处理地/水空过渡问题,但飞行鸟类的起飞机制在很大程度上是未知的。蹼足是生活在水生栖息地的鸟类的特征,考虑到鸟类的后肢不直接支持翼型,但是在大多数飞行物种中并没有减少或丢失,并且发展成现在常见的适合跳跃力学的三元四肢结构[57],可以推测它们可能会产生起飞所需的部分加速度。

鸟类起飞时的身体加速度主要源于扑翼气动力和后肢弹跳力。通过测试鸟类起飞时的表现,研究了以下的机动状态动力性能的影响:①自主飞行;②逃离天敌;③追捕猎物。逃跑和攻击性起飞的特征是后肢的贡献减少(分别为 46% 和 47%),飞行速度增加。鸟类能够调节它们的腿和翼拍动力学来增加起飞速度,因此对这一阶段翅膀和后肢的相对定量耦合作用进行评估,详细地比较腿和翅膀对起飞性能的相对贡献。Berg 通过对野鸽的起飞过程进行动力学建模,计算得到其起飞阶段的加速度,约 75% 源于翅膀扑动,25% 源于后肢弹跳[58]。这是对于整个起飞过程的研究结果,如果聚焦到起飞初期(从开始起飞到第一个扑翼周期结束),Earls 通过高速摄像机和力传感器研究得到欧洲琼鸟和鹌鹑的后肢弹跳对初始起飞速度冲量的贡献超过 90%[15]。Provini 通过数字粒子图像示踪技术(Digital Particle Image Velocimetry,DPIV)测量到了类似的结果,珍珠鸟和钻石鸽的后肢在起飞前 2 个扑翼周期内均贡献了绝大部分动量[16]。在自然界中,很多拥有飞行能力的水鸟在水面上起飞时都需要使用脚蹼不断拍击水面以获得足够的动量支撑其在水面上的运动和加速前进。红喉潜鸟在水面上起飞时被观察到脚蹼会周期性地拍击水面,当滑行速度达到 10 m/s 时便可起飞,在此期间,脚蹼提供一部分前进加速度以及在水面上的一部分支持力;当鸭子躲避天敌或者搜寻食物时,也会采用这种脚蹼助推模式的运动,利用脚蹼和扑翼在水面上奔跑,以减小波浪阻力的影响;鹭鹧也是一种有类似行为模式的鸟类,其能在水上以 10 Hz 的频率奔跑,产生的升力能支撑55%的体重。这些鸟类在水面上的运动模式相似,脚蹼拍水原理和脚蹼接触水后的变化过程有很大关联性。因此,现有的证据表明鸟类利用腿部推力而不是扇动翅膀来最大化它们的初始飞行速度。这些研究强调了后肢在水鸟鸟类运动行为中的重要作用,即后肢在系统发育、形态和生态多样性的鸟类起飞过程中起着突出的作用,这将为飞行起源的跳跃模型研究提供进化学上的支持[59]。

在水面起飞初始起飞阶段,鸟类需要尽快提升高度,以保证其翅膀在大幅快频拍动过程中不会撞击水面。上述分析中,在地面起飞中后肢所产生的加速度远高于前肢所产生的加速度。这可能与这样一个事实有关,即推动地面比推动空气更有效[60]。在流体中产生的推进力是完全不同的,在流体中分子的能量超过了引力,使得分子可以相互流过,流体可以改变形状。推流体产生的力是由于流体分子被置换而产生的。因此推断鸬鹚等水鸟的水空转换过程,并不是依靠拍打翅膀产生的升力,大部分初始速度还是来自脚蹼力。

对于目前的飞机而言,携带大量载荷进行长距离飞行和小范围内快速起降是难以同时完成的任务。前者依靠固定翼,需要长距离跑道滑行;后者依靠螺旋桨,负荷太大难以起飞。实现两者兼顾需要面对成本和技术复杂性的问题,目前已有部分科技公司做过相关尝试,如图 4.12(a)所示。南非 Passerine 公司研制了"麻雀"(Sparrow)无人机,通过给固定翼飞机装上了两个类似于弹射器的受载弹簧腿,可以提供起飞所需约 80%的能量。弹射起飞后,飞机以约 30°的角度爬升,同时腿部像起落架一样收回到机身中;随后,襟翼升起,飞机进入巡航配置;到达目的地后,无人机减速,腿部再次伸展开来,用作减震器。巡航速度为 120 km/h,能携带 2 kg 负载,续航时间 1 h。Sparrow 拥有固定翼无人机的有效载荷、速度、射程和效率等所有优点,以及旋翼飞机的精确着陆能力。如图 4.12(b)所示,印度 InnoCorp 公司研制了"海鸦"(SubMurres)无人机,采用了轴臂和桨叶均可折叠的四轴设计。当 SubMurres 无人机起飞到指定水面时,在水面漂浮并将 4 个轴体自动收拢进一个密闭的空间里,因为无人机的飞行系统和水下动力系统并没有采用一套桨叶,而

(a)南非Passerine公司的"麻雀"无人机　　(b)印度InnoCorp公司的"海鸦"无人机

图 4.12　仿生无人机

是完全分开的,为了避免飞行系统的桨叶不受海水侵蚀,所以需要把桨叶在入水时密闭起来。在无人机的尾部,有两组特定的螺旋桨,来支持 SubMurres 在水下活动的动力需要。

4.4.3 脚蹼作用及力学分析

1. 升/阻力机制

两栖生物的翼(蹼)状肢体运动在水下推进的模式可以分为基于升力(lift-based)和基于阻力(drag-based)两种。一般而言,水下冲击出水或水面滑跃起飞初期过程可基于这两种机制进行分析,此时翼(蹼)完全没于流体中。基于升力是水翼(蹼)在水中上下挥拍过程中,通过水翼的柔性形变改变其前缘的上翘/下沉姿态以调节攻角,水流产生"升力"推动身体波动前进。海龟、企鹅等大型水生动物的"8"字前肢推进、鸟扑翼都是采用这种运动方式。基于阻力是当水翼(蹼)划动时,其整体展开成最大接触面积,通过产生向划水相反方向的"阻力"来推动身体向前运动;当水翼(蹼)在恢复行程时,其收缩至最小接触面积,从而使身体产生不至于过大的阻力。水禽类动物如鸭子、天鹅、鸬鹚等在水面/水下就是采用这种游动方式。基于升力运动在高速时效率较高,且能产生较大速率;而基于阻力运动在低速时效率较高,且方便调整相对姿态[61]。

传统上认为用脚拍打的鸟(如鸬鹚)是基于阻力模式的[62],产生与脚相对于身体向后退的"阻力",以推动身体向前游泳。从生物能量学角度来讲,这类运动速度不会太高[63],能量效率上也较差[64]。然而,许多用脚推动的水鸟都达到了很高的游泳速度(鸬鹚的游泳速度高达 1.7 m/s[65,66]),并潜得更深[67]。这些基于脚蹼驱动的水鸟的非凡游泳能力挑战了传统的基于阻力的范例,这表明以脚为基础的水鸟可能产生升力或使用新颖的不稳定流体动力学机制。过去的一些研究表明,脚蹼推进也可能会产生升力。Walker 通过实验对水生动物的阻力推进模式和升力推进模式进行了分析比较,认为生物体在中高速游动时采用升力推进模式[68]。Johansson 通过模拟三角形鸭蹼划水实验证明前后摆动脚蹼划水推进的水鸟在划水过程中不仅仅是阻力模式,升力模式在其推进过程中起到积极作用[69]。Liu 在前人研究的基础上,发现水鸟脚蹼在冲程阶段主要采用阻力模式,而升力模式在恢复行程阶段起到主要作用。此外,该动态模型与某些胸鳍较发达的鱼类相似[70]。以上结论来自定性分析、二维的理论流体力计算以及围绕简单物理模型的流动可视化,虽然很有意义但必然会过分简化脚的运动或忽略不稳定的流体动力学。

2. 水中脚蹼形态学

Ribak 对两栖水鸟在水下觅食时的运动进行了详细的观察和研究，分析其在抵御浮力、保证姿态稳定时鳍状肢运动的具体规律，保证了水下姿态的稳定性[71]。Chen 设计并制作了仿生鸭蹼推进机器人，同时进行了实验和多体动力学分析，证明了此推进机构的可行性。Chang 对两栖水鸟的运动方式及脚蹼结构特点进行了分析，设计了一种新型仿生蹼助推进机构，并对其运动规律进行了具体分析[72]。Johansson 通过连续视频图像的数字分析技术针对鸊鷉的潜水运动进行了研究与分析，通过对其在水下运动的观察，着重分析了在划水过程中各个趾头的动作规律，指出在脚趾不对称的情况下，水鸟划水的动力冲程是基于升力的而非前期人们一直以为的基于阻力，而恢复冲程中利用各个脚趾的动作也会更好地对动力冲程进行辅助[73]。Clifton 对水鸟的水面行走过程进行了进一步的研究，他们利用高速摄像机对野外的鸊鷉进行拍摄和分析，发现鸊鷉在水面上会以高频率拍击水面、脚从水中侧缩回来的方式进行水面奔跑，此外，鸊鷉的脚蹼也能产生较大的拍击力[20]。

跨介质运动的生物在水空交界层运动时需要克服摩擦阻力和与速度有关的兴波阻力与涡流阻力，水鸟能够本能地运用自身的脚蹼进行省力的方法与节奏的探索。水鸟的脚蹼都是由弧形的薄层分叉蹼面连接两根脚趾的，这样的缝隙是一种有利的进化，能够改变拍打水面时的阻力和动力分布，一是水鸟通过减小着水的面积减小与水流的正迎面，进而减小涡流阻力与兴波阻力；二是水鸟使向上、向下两个方向踢脚蹼均能产生向前的高效推力，这种减阻增推的方式能为运动过程减少能量消耗并提高效率。在水鸟将脚蹼向下拍打水面时，水流大部分随被拍打产生的惯性向下运动，水流有一部分产生的反作用力在沿水流动的相反方向产生向上的推力，而另一部分则沿由厚变薄的脚蹼后沿向后流动，推动向前运动，这种边沿效应对运动有良好的促进作用。跨介质运动生物的脚蹼有水流沿逐渐变薄的后沿向后流出的功能，这种理念亦应用在了潜水的脚蹼中，游泳仿生脚蹼让游泳者省力且可以摆动出较大的幅度，提高前进的效率。

4.4.4 䴙䴘的蹼助起飞机理

前后摆动脚蹼划水推进的䴙䴘在划水过程中不仅仅是基于阻力模式，基于升力模式在其推进过程中也起到积极作用。大多数在水上活动的小动物都是小昆虫，它们的长肢使水面变形，从而产生能够支撑其躯干重量的表面张力。较大的动物太笨拙,无法仅靠表面张力就将其躯干支撑在水面之上。肌肉需要在惯性冲动下,用足够的动力驱动它们的腿进入/穿过水,以产生相当大的水动力以克服惯性脉冲、流体阻力和附加质量力。根据蛇怪蜥蜴的分类[25],产生支持流体动力的主要步幅有两个阶段:水面拍打和水下冲程。在小蛇蜥(<10 g)中,水面拍打冲量占重量支持的60%;而在大蜥蜴中只占25%[74]。因此,较大的蛇蜥必须从水下冲程阶段获得更大比例的重量支持,以抵抗下沉。而鸬鹚重量比蛇蜥重得多,因此我们将研究重点更多关注到水下冲程阶段。

鸬鹚优异的水空两栖运动能力主要得益于其适应水空多栖航行的推进方式和姿态自调整特性,通过生物初步的观测,可以发现鸬鹚翅膀在水空两个介质运动状态不同,在水介质中鸬鹚翅膀收拢偶有辅助水下推进的摆动,在水空交界处作扑翼运动起飞,鸬鹚翅膀和脚蹼的配合运动和高频拍击使其助跑距离只需约 5 m。两只脚蹼前后交替划水,动作较为轻缓,当左脚逆向向后划水时,脚蹼完全张开,增大与水的接触面积,整个运动呈外弧线形状,同时腿部肌肉发力,用以获得较大的反作用力推动身体前进。左脚划水的同时,右脚向前上方收缩,形成内弧线运动,随着脚蹼在水中的交替划水运动,鸬鹚身体的尾部会有略微的左右摆动,用以保持前进路线和身体的平衡。鸬鹚在起飞期间,翅膀和腿之间存在一种神经肌肉系统的时间协调。通过张开翅膀,调节身体姿态,保持好的空气动力学性能;脚蹼提供一定的起飞冲量,对完全起飞前的加速和在空中平衡有很大的影响。

表 4.3 所示为常见水上起飞航行器与生物鸬鹚的身长、起飞滑水距离比较。传统水上飞机通过水面滑跑的方式起飞,需要较长的起飞滑水距离,这导致了这些航行器无法在面积狭窄的水域中(比如小型湖泊、水库)得到运用,特别是不利于恶劣海况下的起飞,同时也导致大量能量通过与水的作用而耗散掉。传统水上滑跑起飞飞行器需要较长的起飞距离主要是因为水中加速困难,不容易达到起飞要求的最小起飞速度。当排水型水面航行体速度接近 15 km/h 时就会出现"阻力墙"现象,导致水阻急剧增大,在这种情况下即使大幅度提高发动机输出功率,水上推进速度也很难进一步提升[75]。

表 4.3　常见水上起飞航行器与生物鸬鹚的身长、起飞滑水距离比较

型号	起滑水距离/m/身长/m
Be-103(俄罗斯)[76]	450/10.65=42.25

型号		起滑水距离/m/身长/m
SH-5（中国）		482/38.9＝12.39
US-2（日本）		280/33.46＝8.37
飞鱼UAV（美国）[77]		20/2.45＝8.16
生物鸬鹚[78]		3/0.78＝3.85

本课题组之前的研究发现，鸬鹚参与划拨推进的脚掌趾间有蹼。在动力阶段，腿带动胫骨跗骨和跗跖骨向后伸，扫过一个弧。同时蹼展开为面，以增加对水的推力；而收腿同时脚趾弯曲，跖前屈，蹼褶缩成团，以减少对水的阻力[79]。鹈形目中的鸬鹚虽然体型较大，但爆发力和机动性强，稳定性好。爆发性游泳是通过双脚同时快速划水或单脚大幅度移动来启动的，位移在动力阶段结束时达到峰值，随后的前进是由交替的划水运动产生的。蹼趾如此往复运动，鸬鹚可在水中实现前进、下潜、上浮以及水面起飞动作，还能通过两腿间配合实现水中转向，由此可见，鸬鹚的推进力主要由基于阻力的流体惯性力提供[80]。鸬鹚的形态学及运动机理研究应用到水空两栖航行器上演化为跨介质推进技术。为了克服跨介质过程中的瞬间力、力矩干扰，实现跨介质全过程稳定，航行跨介质推进系统必须具备在空中和水中持续、稳定工作的能力，且满足介质切换和不同速度航行对动力的需求。除了从原理结构进行组合空中/水下推进系统，还必须有一套适应变体过渡的多模态、强鲁棒性控制系统，完成不同模态之间的自动、准确切换，解决跨介质时复杂航行环境带来的强干扰和被控对象参数大范围快速变化带来的控制难题。之后随着新能源、新原理的更高效的新概念推进系统出现，解决军事上高速、远程、大推力的跨域航行器需求将指日可待。

4.5 本章小结

本章内容对水空跨域自然界生物的多模式运动进行了总结，分析了生物实现多模式运动的多种方式和生物进化的折中和权衡机制。通过对自然界鸬鹚生物形态学、脚蹼推进运动机理关键技术的分析,建立起水空跨域航行器和两栖生物的仿生研究联系。我们的研究发现:①水空两栖生物的进化折中权衡机制应用在跨域航行器上演化为航行器的外形与变体技术。②鸬鹚的形态学及运动机理研究应用到水空两栖航行器上演化为跨介质推进技术。③水空两栖生物的冲量型和动量型出水方案应用到水空两栖航行器上演化为多维空间跨越适航技术。不同于其他生物,鸬鹚具有密度大、体重比一般水鸟重,且羽毛吸水性较强的特性,在一定程度上和我们要设计研发的水空跨域航行器有很大的共通性,同时鸬鹚在水面上起飞的性能十分优越,其可以在几秒内快速起飞,所以选择鸬鹚作为研究对象具有很大潜在价值。

第 5 章
鸬鹚蹼助水空转换推进机理及运动分析

鸬鹚蹼助水空转换推进机动是两栖水鸟类常见的游动方式和必要的生存技能之一,但其高机动性和敏捷性的动力学行为不便直接测量、难以收敛计算。通过对研究对象进行建模并做出合理假设,CFD 技术可以提供高效的数值计算方法模拟复现鸬鹚水面起飞过程,这种方法可在恰当的理论模型开发条件下提供有效的数值试验。分析可得翅膀、腹部和脚蹼附近在各阶段产生一系列的流场和涡结构特征,以及流体动力随时间的变化情况,由此讨论了鸬鹚的水面短距起飞的机理。

5.1 引言

关于研究比较生物学和仿生学的运动研究多集中在实验观测和理论计算中,各有优势,互为补充。然而理论和实验手段因其各自的局限性都难以全面准确地刻画生物游动和飞行的全部特征。活体实验因为技术条件的限制,难以对生物运动进行有效控制,并且该类实验重复性较差、一些关键运动学物理量难于直接或准确测量;模型样机的实验流体动力学分析获得简化的生物模型运动学信息,还无法真实还原自主复杂运动图像及周围流体流动信息;理论分析则多受限于简单几何、数学构型、简化运动方式以及高度简化(如线性化近似、无粘假设等),难以应对同时存在着以湍流为代表的非线性流体现象、不平衡和复杂的界面现象、连续近似无法使用的情况等各种复杂的情况,因此几乎很少能用简单的表达式建模的模型来进行理论计算。生物系统可控的灵活性,增强了生物在流体湍流运动(鱼游、鸟飞等)和跨流体域运动(飞鱼、水鸟出入水等)的机动性和环境适应性。因此,利用数值计算的手段来研究此类问题就具有更大的优越性,不仅可以获得流场演化的规律,而且可以直观地分析生物与周围流体间相互作用的实时涡流动力学过程。总体上说,多种方法的融合是未来流体研究的显著特征。

流体与固体在力学特性上本质的区别为:承受剪应力和产生剪切变形能力上的不同。动物在空气和水之间的运动变化可以通过这些不同流体环境的机械负荷特性来理解。在非定常流场中,鸬鹚脚掌的运动所受到水动力主要由流体压强和涡流的结构变化所引起,鸬鹚脚掌在流体中实现自主机动运动包含以下两个过程:①在神经信号的控制下,腿部肌肉的收缩或松弛带动脚蹼作相应的运动,作用于周围流体从而获得流体动力;②在流体动力的作用下,鸬鹚得以实现机动运动。两个过程是一种人为的划分,两者本身是耦合的,即流体动力学与生物动力学的耦合。为了在技术设计中模拟这些,应该更好地理解功能表面和周围环境之间的物理性质和相互作用。事实上,只要理论模型能够发展,计算模型可以提供有效的数值实验,获得最佳或优化的方法。目前,对机器人出水过程特性的研究一般都集中在对简单物体(圆柱、球等)出水的流场特性分析和空化效应等方面,还未有针对鸬鹚这种具有复杂曲面和不规律运动的大型两栖生物不同运动阶段的流场变化特性及其载荷的分布规律研究。

5.2 数值模拟模型介绍

5.2.1 生物飞行和游泳的数值模拟方法

图 5.1 所示为生物飞行和游动的数值模拟研究发展历程,生物飞行和游动的数值模拟可分为以下几类:

1. 抽象物理模型

第一种方法将复杂的生物运动抽象成简单构型的基本运动形式的组合,而不考虑流体对生物运动和变形的影响。这种方法抓住了生物运动的基本特征,只需要求解具有动边界的流体力学方程,旨在探究生物推进中最本质的流动机理。①鱼尾箔片模型:2005 年 Blondeaux 研究有限跨度振动箔来模仿鱼的尾巴游泳,对产生的涡旋的拓扑结构进行了数值模拟。②椭圆体模型:2005 年 Alben 研究了黏性流体中简单椭圆体的动力学[81]。2006年Dong采用数值模拟的方法研究了展弦比对薄椭球型鱼类胸鳍尾迹的水动力性能[82]。③扑翼板模型：2006年Lu对昆虫、鸟类和鱼类的拍打部进行数值求解前翼旋涡脱落的斯特罗哈尔数，预测了一个扑动频率和振幅临界值[83]。2012年Li利用黏性涡环模型研究了扑翼板的动力学特性，提出了推力和效率的简化公式[84]。

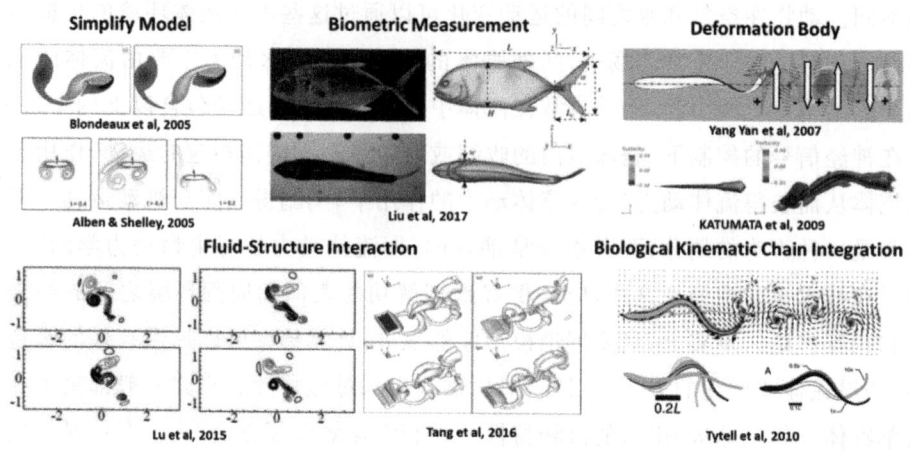

图5.1 生物飞行和游动的数值模拟研究发展历程

2. 运动学补偿模型

第二种方法基于生物活体实验的测量，将真实的生物体运动和变形数据作为数值模型的边界条件进行求解。该方法也只需求解具有运动边界的流体力学方程，旨在针对特定生物运动探求其流体力学机制。这样的模型使得传统的数值方法不再适用，因而需求助动网格、内置边界法或者格子玻尔兹曼方法等。2016年Liu研究了翼体相互作用对蝉前飞气动性能和旋涡动力学的影响，基于高速摄像系统的输出重构了扑翼运动学[85]。2017年Liu利用高速视频对稳定游泳的马鲹鱼三维重建几何和运动学模型，采用数值模拟方法研究了鱼体的中鳍（背鳍和臀鳍）和尾鳍的脉冲性能和水动力效益[86]。此类数值模拟大多是非自主的，附加的约束力导致了力能学特性的计算出现较大误差。

图5.1 彩图

3. 流固耦合模型

第三种方法不仅设定运动体的变形形式，而且考虑了流动与变形体整体运动（平动和转动等）的互相作用，即耦合求解流体力学方程和变形体动力学方程，同时计算变形体整体位置和姿态与相应流场。Carling在1998年首次发表了鱼类自主推进的数值模拟工作。通过同时求解鱼体运动的控制方程（牛顿第二定律）和流体动力学方程,得出鱼体在给定的摆动模式下,受流体驱动产生的运动及其周围水的流动[87]。这种做法的缺点是鱼体变形不一定满足鱼体变形动力学方程。Yang[88]和Liu[89]相继给出二维和三维变形体动力学控制方程,揭示了自主推进的力学模型需要满足的基本原则。

4. 一体化模拟模型

第四种方法进一步引入简单的结构本构关系和自主运动规则,计算生物运动引起的流场结构和生物体受力情况等,将流体力学方程与结构运动方程耦合求解。2015 年 hua 采用三维扑动柔性板采用流体流动与板运动耦合求解的方法,研究了平板周围的涡结构和压力分布及其与平板动力学的关系[90]。2016 年 Tang 采用流体浸入边界格子玻尔兹曼方法和平板运动有限元方法,研究了三维扑动柔性板在近地面的自推进问题,通过分析了解到适当的柔度可以提高推进性能[91]。一体化模拟利用现代图像处理和测试技术,获取飞行和游动生物的构型,测量翼鳍的运动,进而将这些数据输入程序。该模型反映了生物运动中的流固耦合特性,能够更真实地描述生物运动中的基本规律。

5. 生物神经控制与流固耦合结合模型

第五种方法是最近开始发展起来的生物运动链一体化研究,即针对生物运动链的各个环节(神经控制与反馈、肌肉动力学、生物结构、环境作用等)分别建模、耦合求解,将生物运动视为一个多尺度复杂系统进行研究,以期了解生物运动、控制的规律和机制。Tytell 为了检验身体刚度、肌肉激活和流体环境对游泳动物的作用,首次开发了一个浸入边界框架的适用于游动的鱼的雷诺数模型,其中鱼体受到内部肌肉力和外部流体力而变形[92]。结果表明,相同的肌肉激活模式可以通过适当的肌肉收缩来调节身体的僵硬度,而产生不同的运动学。此外,在许多鱼类中观察到的负性肌肉工作,无输入情况下会出现更高的尾拍频率。这个阶段主要是通过观察生物运动和测量其主要肌肉的神经信号,将神经信号转化为固体内部的控制内力,以期了解生物在复杂环境中的控制效果。

目前的研究以第一种和第二种研究方法最为完善,而第三到五种研究方法为当前的研究热点和方向。在本章工作中,为探讨鸬鹚水空两栖最基本的动力学规律和机制,我们先采用第二种较为成熟的运动学补偿刚体建模方法分析。第 6 章采用第三种和第四种数值研究方法,即采用流固耦合和一体化模拟的方法,研究柔性脚蹼的自主推进运动问题。

5.2.2 物理模型

CFD(Computational Fluid Dynamics,计算流体力学)方法是对流场的控制方程用计算数学的方法将其离散到一系列网格节点上求其离散的数值求解的一种方法。求解上述方程必须先给定模型的几何形状和尺寸,确定计算区域并给出恰当的进出口、壁面以及自由面的边界条件。而且还需要适宜的数学模型及包括相应的初值在内的过程方程的完整数学描述。本书中应用到的求解的有限体积法,可以将计算域离散为一系列的网格并建立离散方程组,离散方程的求解是由一组给定的猜测值出发迭代推进,直至满足收敛标准。在高 Re(雷诺数)运动过程中,湍流模型只针对充分发展的湍流才有效,而在近壁面处,由于边界层的存在,流动发展不充分,湍流发展并不充分,此时湍流模型在该区域并不适用,必须采用特殊的处理方法解决近壁面流动问题。综合考虑网格密度、时间步长和边界半径对算例的影响,对于大部分的高雷诺数流动,如果主流区没有大尺度的分离,在主流区使用无黏的欧拉方程和考虑黏性的边界层方程便可以模拟该流动。而即便是出现了大尺度的开式分离,而分离点的位置和分离涡的强度也同样和边界层内的流动息息相关。

本章按照实验环境与实测数据对鸬鹚的运动建立数值模拟模型进行计算,结合湍流模型和动态网格技术处理气液界面水面上的鸬鹚的起飞研究问题。在本模型中,鸬鹚运动部件由躯干、翅膀和脚掌组成,每个部件都视为刚体。水缸尺寸为 $1.6\ m \times 1.6\ m \times 0.6\ m$,初始水深 $0.40\ m$,物性温度取为室温 $20\ ℃$。流体区域计算边界以尽量不影响鸬鹚周边流体运动为准则,计算边界过大则引起网格量增加而增大计算量,计算边界过小则会引起流体运动受限而与实际不符,鸬鹚设计在流体计算域的居中位置。模型中考虑了气液两相流动、湍流、重力水波、鸬鹚的运动等物理因素,采用了 VOF 模型、标准 k-ε 双方程湍流模型、考虑重力的 N-S 方程以及动网格等模型方法进行计算,其中 VOF 气液两相模型有利于网格标记追踪水面由于鸬鹚运动引起的变形影响,因此在流体区域中无须划分出水气界面。本模型选取 Fluent 提供的 DEFINE_CG_MOTION 宏,根据鸬鹚运动过程,编写自定义函数 User Defined Function(UDF)实现计算。鸬鹚运动引起的流场变化是非定常湍流运动,所以选择常规做法采用黏性不可压缩流体的雷诺湍流方程进行分析。同时基于有限体积法,根据数学模型和生物原型运动参数。对鸬鹚模型在流体计算域中做简单处理得到鸬鹚运动时水面的等高线图,如图 5.2 所示。

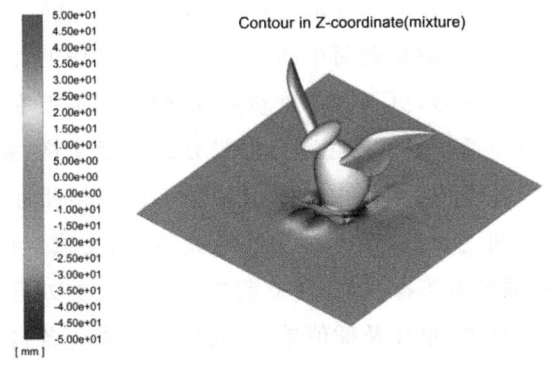

图 5.2　鸬鹚起飞时水面高度等高线图　　　图 5.2 彩图
注：0 mm 对应于初始水面位置

5.2.3　网格处理方法

在进行数值方法模拟流体运动时，首先要将流动区域离散成一定形状的网格，然后在网格节点上求解离散化的控制方程。数值模拟的计算精度既与控制方程的离散格式的精度密切相关，也与网格的结构和分布有关，为了尽量减少计算误差，保证解的稳定性，生成网格至少满足两个原则：首先是网格的贴体性，计算网格应准确反映流动区域的边界形状，并且要能较容易地引入边界条件；其次是网格的疏密变化，在物理梯度大的地方，网格要密些，以提高对流动能力的捕获能力，提高数值模拟的精度。特别值得一提的是 Fluent 强大的动网格功能，动网格功能可以指定相应的流场区域使连续相介质不运动，在网格的更新过程中 Fluent 软件会自动根据周围的边界条件和运动来自动更新网格的情况。通过监测每一个时间段的受力状态，自动调整鸬鹚模型的空间位置和速度大小，记录鸬鹚瞬时动态水动力学特性。采用动网格不仅仅可以用来分析已知物体的运动，即将物体的运动通过宏命令来导入软件中，并且可以分析非稳态的未知的运动，软件会自动根据上一次计算的结果和边界条件来确定边界的运动情况，这样能够在最大程度上模拟物体的真实变化过程。内应力之所以产生的原因是计算域内部节点的相对运动，如果没有相对运动就没有了内应力。目前对于动网格主要有 3 种处理方式：①重构网格；②层铺网格；③重叠网格。由于本问题中不同部件的壁面间（如躯干和翅膀）必须交叉，因此在本问题中采用重叠网格法（Overset Mesh Method）进行网格处理。

多块重叠网格对处理具有相对运动的复杂结构外形网格非常便利。重叠网格方法将复杂的流动区域分成几何边界比较简单的子区域，子区域中的计算网格独立生成。相对运动不需要网格变形，更不需要重新生成网格，只需要在子域定义其运动规律且子域间有相互重叠。在本模型中，主要分为环境网格、躯干网格、翅膀网格和脚掌网格 4 个区域，重叠网格由背景网格和部件网格相互重叠而组成。图 5.3 各网格区域在空间上重叠，但不存在连通关系，相互独立存在，须由前处理软件完成挖洞、匹配插值点等操作后，建立起连通关系。前处理软件将重叠网格处理成洞单元、离散（计算）单元及插值单元，流体控制方程各自在背景网格和部件网格上进行求解，插值单元构成内部边界条件，用来传递、匹配和耦合数据，最终得到整个计算域内的流场信息。图 5.3(a)中 Ⅰ、Ⅱ、Ⅲ、Ⅳ 分别为环境域、身体、翅膀、蹼足各个子区域网格模型示意图，交叉区域为重叠网格效果图重叠网格。不仅能实现与传统动网格相同的功能，而且可以很好地处理负体积问题，目前最大的缺点可能在网格准备及计算精度。重叠网格的优点主要体现在两方面：①简化复杂几何的网格划分，不同计算区域可选择最恰当的网格形式；②有利于相对运动部件的网格生成；特别是，可以比较方便地调整网格相对位置，以便开展参数化研究。

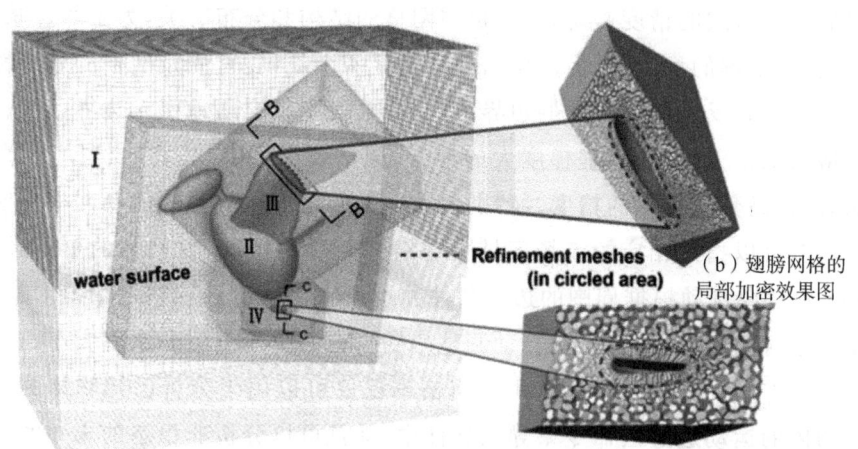

(a) CFD计算域各个子区域网格模型示意图（$t=0$）　　(c) 蹼足网格的局部加密效果图

图 5.3　鸬鹚模型网格及计算区域划分

其中，背景网格采用六面体结构化网格，主要描述本模型的计算区域，包括实验水箱区域以及水箱上方 800 mm 高的空气区域。另外 3 个运动部件的子区域网格都分别采用一个长方体把运动部件壁

图 5.3 彩图

面包围起来,在长方体内到壁面之间生成多面体(polyhedral)网格,以描述运动部件附近的流体区域。采用多面体网格更适合本项目几何复杂、计算量大的特点,主要原因是:①与结构化网格相比,多面体网格对复杂区域有更良好的适应性;②与四面体网格相比,在相同计算精度下更节省网格。

为降低计算量,本模型采用对称边界条件,只计算鸬鹚左半侧的运动。因此,所有网格只包含鸬鹚对称面左侧的部分,其中环境网格和躯干网格都有一个对称边界面。在计算的整个运动过程中,应保证翅膀和脚掌的壁面网格不与对称边界接触,否则容易出现非物理运动导致的计算发散。矩形框为流体计算中空气和水的计算域边界如图 5.3(a)所示,矩形框上边界为压力出口边界,空气可在该边界上自由进出流动;矩形框其他边界为滑移壁面边界(Symmetric 边界),可看作无黏性作用的理想墙壁。鸬鹚表面的边界条件设置为无滑移边界(Wall 边界),以关注其表面附近的黏性和湍流作用。矩形框和鸬鹚表面之间的空间为流体计算区域,这个区域将填充流体网格。由于流体计算区域较大、几何复杂、计算量大,既需要大量的网格描述流体区域,又必须尽量降低网格量,减少计算消耗。因此有必要流体力学计算条件进行网格非均匀优化处理,对流场复杂的重要计算区域网格进行精准的局部加密。

(1) 水面区域加密:对环境网格水面附近进行渐变的方向加密。最小尺寸 3 mm,最大尺寸 20 mm。

(2) 体区域加密:需要重点加密的大范围区域,主要是钝体下游容易形成漩涡和部件连接的区域,主要有头、背、臀后方、肩部,以及脚掌靠近对称面的活动区域等。

(3) 曲率加密:在曲率较大的局部附近,如翅膀和脚掌边缘,流场细节更多,需要更多网格描述。

(4) 边界层网格:运动部件的表面区域会形成流动边界层,此时需要生成适体而扁平的多层边界层网格来描述边界层内的流场。本章中生成的边界层网格最薄 0.05 mm,增长系数 1.25,共 20 层。

网格总体而言,除了边界层网格外的网格最小尺寸是 2.5 mm,最大尺寸 20 mm;网格总量 1 864 660。为实现重叠网格的计算,需要把 4 个子区域的网格组装到一起。如图 5.3 所示为 $t=0$ s 时的网格位置,可见四套网格是相互重叠的。重叠网格方法需要计算出重叠区域中最优的部分网格进行计算和不同网格区域间的数据交换,并对重叠网格进行标记。各个运动部件的网格内都只有部分网格节点参与了计算,在进行动网格计算时,不同运动部件的网格区域间会发生相对移动,但每个部件的网格区域内的网格节点不会发生变形。软件需要对每个时间步内网格的重叠情况进行计算,并标记出用于计算的网格节点。因此,对于不同的时间步,虽然每个区域内的网格节点不会变化,但不同网格区域的相对位置以及重叠网格标记情况都会变化,图5.4所示为流体数值模拟仿真流程图。

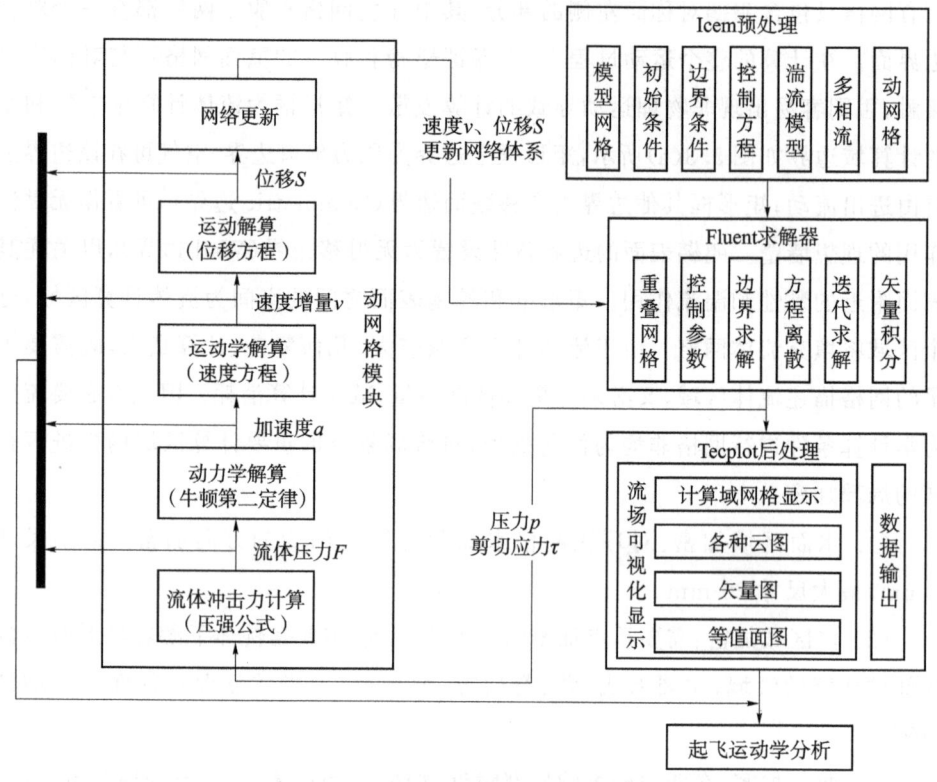

图5.4 流体数值模拟仿真流程图

5.3 运动及轨迹处理方法

5.3.1 记号介绍

图5.5所示为坐标系和刚体运动关键控制点和相对向量示意图,其中图5.5

(a)所示为鸬鹚起飞时的几何模型和环境配置。$O\text{-}xyz$ 是平移坐标系;图5.5(b)、(c)、(d)分别定义了蹼足、身体和翅膀的几何和运动学关系,以及它们之间的相对运动学。

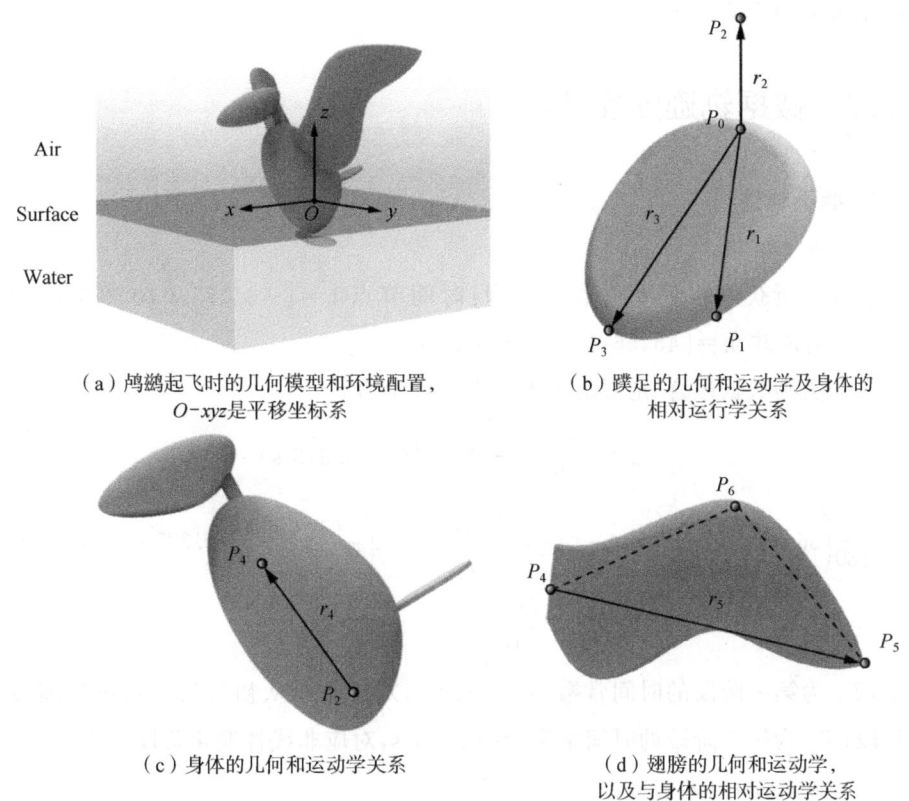

(a)鸬鹚起飞时的几何模型和环境配置,$O\text{-}xyz$是平移坐标系

(b)蹼足的几何和运动学及身体的相对运行学关系

(c)身体的几何和运动学关系

(d)翅膀的几何和运动学,以及与身体的相对运动学关系

图 5.5 坐标系和刚体运动关键控制点和相对向量示意图

表 5.1 所示为脚掌的形态学定义,其中 P_0、P_2、P_4 点分别定义为脚掌、躯干、翅膀的控制点。则每个运动部件的刚体运动可以分解为部件随控制点的平动,以及部件绕控制点的转动。本章任务为确立每个运动部件的控制点轨迹 P 和平移速度 v,以及运动部件绕控制点的角速度矢量 ω。定义单位方向向量为:$e_i = \dfrac{r_i}{|r_i|}$。

表 5.1 脚掌的形态学定义

定义点	P_0	P_1	P_2	P_3	P_4	r_1	r_2	r_3	r_4
物理含义	脚踝	外脚尖	髋关节	中脚尖	肩关节	短脚趾	腿轴	长脚趾	体轴

本项目计算时间为 0.658 s,共包含 2 个踩水拍翅完整周期 1 一个不完整周期,踩水拍翅周期分别为 $T_1=0.375$ s,$T_2=0.204$ s,$T_3=0.079$ s。坐标原点定义在初始水面与对称面的交界上,x 坐标与髋关节 P_2 点初始 x 坐标一致。$O\text{-}xyz$ 方向的定义如图 5.5 所示。

5.3.2 数据轨迹处理方法

1. 躯干轨迹

(1) 躯干攻角

实验中所获得的躯干攻角数据为:时间节点 $t=[-0.475, 0, 0.375, 0.579, 0.657]$s,对应攻角$=[45, 56, 64, 86.2, 86.5]°$

根据实测数据拟合-光顺函数描述躯干攻角为

$$\varphi_{at} = \frac{\pi}{180}\left(56 + 8\frac{t}{T_1}\right) (t<0.375 \text{ s})$$

$$\varphi_{at} = \frac{\pi}{180}\left(56 + 8\frac{t}{T_1} + \frac{1}{2}\left(86.2 - 64 - 8\frac{T_2}{T_1}\right)\left(1 - \cos\left(\pi\frac{t-T_1}{T_2}\right)\right)\right) (0.375 \text{ s}<t<0.589 \text{ s})$$

$$\varphi_{at} = \frac{86.5\pi}{180} (t>0.589 \text{ s}) \qquad (5.1)$$

式中,T_1 为第一阶段的时间常数,约 0.375 s,对应躯干从初始状态到快速调整的时间段;T_2 为第二阶段的时间常数,约 0.214 s,对应非线性变化阶段。

(2) 髋关节 P_2 轨迹

本模型采用对称边界,不能模拟鸬鹚躯干左右摇摆引起的效应,因此在处理运动数据时,需要消除躯干的摆动分量 δP_2。本书中的处理方法为:把所有实验数据点的轨迹(脚尖、脚踝、髋关节)都减去 δP_2。

2. 脚掌轨迹

(1) 轨迹光顺处理

采用高次曲线对 P_0、P_1、P_2 的轨迹进行光顺拟合。其中 P_0 和 P_1 采用 10 次曲线,P_2 采用 6 次曲线,如图 5.6 所示。其中 P_1 曲线基于固定脚长 117 mm 对脚踝和外脚尖的距离进行了修正。由于实测数据中脚趾会弯曲,因此修正后的曲线基本比原曲线更靠外。而拟合后的 P_0 和 P_2 曲线与原数据符合较好。

根据以下两个条件算中脚尖单位方向向量 e_3:中脚尖与外脚尖保持 45°夹角;脚掌平面总与中脚尖－脚踝－髋平面垂直。

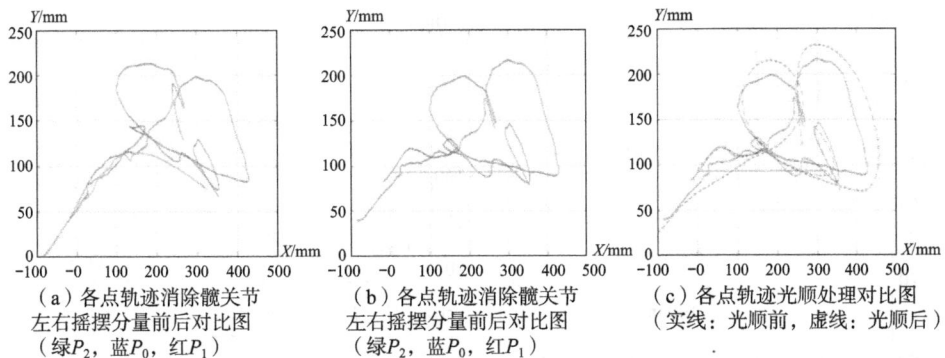

图 5.6　各点轨迹消除髋关节左右摇摆分量前后对比图及光顺处理对比图

$$\begin{cases} |\boldsymbol{e}_3| = 1 \\ \boldsymbol{e}_3 \cdot \boldsymbol{e}_1 = \cos(45°) = b_1 \\ \boldsymbol{e}_3 \cdot \boldsymbol{e}_2 = \dfrac{\boldsymbol{e}_2 \cdot \boldsymbol{e}_1}{\cos(45°)} = b_2 \end{cases} \quad (5.2)$$

式中，e_1、e_2、e_3 为三维空间中的单位向量，表示脚掌的几何方向。e_1 为外脚尖到脚踝的基准方向向量。e_2 为脚踝到髋关节的基准方向向量。e_3 为中脚尖方向向量，需满足正交约束。b_1、b_2 为标量常数，由已知方向向量的点积计算得出。

求解上述方程组，求得 $e_3 = [x_3, y_3, z_3]^T$ 的坐标如下：

y_3 为一元二次方程的较小根（中脚尖总在外脚尖的内侧）：

$$\left(\begin{vmatrix} z_1 & x_1 \\ z_2 & x_2 \end{vmatrix}^2 + \begin{vmatrix} x_1 & y_1 \\ x_2 & y_2 \end{vmatrix}^2 + \begin{vmatrix} y_1 & z_1 \\ y_2 & z_2 \end{vmatrix}^2 \right) y_3^2 - 2 \left(\begin{vmatrix} b_1 & z_1 \\ b_2 & z_2 \end{vmatrix} \begin{vmatrix} y_1 & z_1 \\ y_2 & z_2 \end{vmatrix} + \begin{vmatrix} x_1 & b_1 \\ x_2 & b_2 \end{vmatrix} \begin{vmatrix} x_1 & y_1 \\ x_2 & y_2 \end{vmatrix} \right) y_3 + \begin{vmatrix} b_1 & z_1 \\ b_2 & z_2 \end{vmatrix}^2 + \begin{vmatrix} x_1 & b_1 \\ x_2 & b_2 \end{vmatrix}^2 - \begin{vmatrix} z_1 & x_1 \\ z_2 & x_2 \end{vmatrix}^2 = 0 \quad (5.3)$$

另外 x_3 和 z_3 为

$$x_3 = \dfrac{y_3 \begin{vmatrix} y_1 & z_1 \\ y_2 & z_2 \end{vmatrix} - \begin{vmatrix} b_1 & z_1 \\ b_2 & z_2 \end{vmatrix}}{\begin{vmatrix} z_1 & x_1 \\ z_2 & x_2 \end{vmatrix}}, \quad z_3 = \dfrac{y_3 \begin{vmatrix} x_1 & y_1 \\ x_2 & y_2 \end{vmatrix} - \begin{vmatrix} x_1 & b_1 \\ x_2 & b_2 \end{vmatrix}}{\begin{vmatrix} z_1 & x_1 \\ z_2 & x_2 \end{vmatrix}} \quad (5.4)$$

脚掌轨迹图中脚趾轨迹 P_3 如图 5.7 所示。图中显示了脚掌平面两个向量 r_1 与 r_3 的位置和夹角在 xy 平面的投影。对于部分区域无法同时满足夹角 45°和两平面垂直条件，妥协处理。

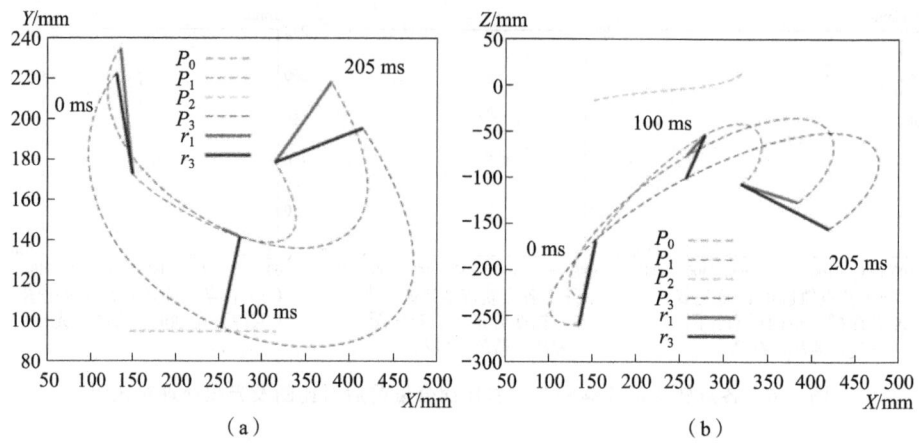

图 5.7 脚掌轨迹图（虚线：绿 P_2、蓝 P_0、红 P_1、黑 P_3；黑实线：r_1 和 r_3）

5.3.3 轨迹点数据结果

表 5.2 所示为轨迹坐标幂函数系数，各点的轨迹坐标表达为 t 的幂函数：$f = a_n t^n + a_{n-1} t^{n-1} + \cdots + a_1 t + a_0$。

图 5.7 彩图

其中坐标的单位为 mm，时间单位为 s。幂函数的系数向量表达为：$\boldsymbol{A} = [a_n, a_{n-1}, \cdots, a_0]$。

5.3.4 刚体运动计算方法

1. 脚掌运动计算方法

脚掌零件的运动可以分解为 P_0 点的平动和脚掌零件绕 P_0 点的转动。脚掌绕 P_0 点的角速度定义为 $\boldsymbol{\omega}_{\text{foot}}$。脚掌绕 P_0 点的转动可分解为两部分：P_3 点绕 P_0 点的转动 $\boldsymbol{\omega}_{3a}$ 以及 P_1 点绕 r_3 轴线的转动 $\boldsymbol{\omega}_{3r}$，结果如下：

$$\boldsymbol{\omega}_{\text{foot}} = \boldsymbol{\omega}_{3a} + \boldsymbol{\omega}_{3r}$$

$$\boldsymbol{\omega}_{\text{foot}} = \boldsymbol{e}_3 \times \frac{\dot{\boldsymbol{r}}_3}{|\boldsymbol{r}_3|} + \frac{\boldsymbol{e}_1 \times \frac{\dot{\boldsymbol{r}}_1}{|\boldsymbol{r}_1|} \cdot \boldsymbol{e}_3 + \boldsymbol{e}_3 \times \frac{\dot{\boldsymbol{r}}_3}{|\boldsymbol{r}_3|} \cdot \boldsymbol{e}_1 |\boldsymbol{e}_3 \cdot \boldsymbol{e}_1|}{1 - |\boldsymbol{e}_3 \cdot \boldsymbol{e}_1|^2} \boldsymbol{e}_3 \quad (5.5)$$

$$\boldsymbol{v}_{\text{foot}} = \boldsymbol{v}_0 = \dot{\boldsymbol{P}}_0$$

式中，$\boldsymbol{e}_1$ 和 $\boldsymbol{e}_3$ 为单位向量，$\boldsymbol{e}_1$ 表示外脚尖方向；$\boldsymbol{e}_3$ 表示中脚尖方向；$\dot{\boldsymbol{r}}_3$ 表示 P_3

第 5 章 鸬鹚蹼助水空转换推进机理及运动分析

表 5.2 轨迹坐标幂函数系数

a_n		10	9	8	7	6	5	4	3	2	1	0
P_0	x	-1.12e+7	-1.43e+7	1.05e+8	-1.58e+8	1.13e+8	-4.48e+7	9.94e+6	-1.18e+6	6.27e+4	-1.18e+2	-1.01e+1
	y	4.47e+7	-1.46e+7	2.02e+8	-1.56e+8	7.32e+7	-2.16e+7	3.86e+6	-3.64e+5	9.76e+3	7.38e+2	1.31e+2
	z	-5.49e+7	8.19e+7	2.96e+8	-1.37e+8	1.18e+8	-4.96e+7	1.14e+7	-1.42e+6	8.09e+4	-5.22e+2	-1.62e+2
P_1	x	-3.26e+8	9.99e+8	-1.26e+9	8.35e+8	-3.12e+8	6.38e+7	-6.03e+6	4.45e+4	2.26e+4	6.42e+2	-8.22e+1
	y	7.93e+6	-2.44e+7	3.48e+7	-3.35e+7	2.40e+7	-1.17e+7	3.42e+6	-5.37e+5	3.67e+4	-7.83e+1	8.92e+1
	z	-2.14e+8	5.79e+8	-6.20e+8	3.20e+8	-6.99e+7	-4.16e+6	5.32e+6	-1.06e+6	8.44e+4	-1.62e+3	-1.91e+2
P_2	x	—	—	—	—	2.41e+3	-3.81e+4	4.47e+4	1.59e+4	1.58e+3	4.08e+2	4.29
	y	—	—	—	—	—	—	—	—	—	—	9.30e+1
	z	—	—	—	—	4.77e+4	-7.02e+4	3.61e+4	7.61e+3	8.20e+2	-6.55e+1	-3.15e+1
P_3	x	-6.67e+8	2.13e+9	-2.85e+9	2.08e+9	8.93e+8	2.31e+8	-3.54e+7	2.30e+6	-1.28e+5	4.33e+3	-8.11e+1
	y	-3.11e+8	1.06e+9	-1.55e+9	1.26e+9	-6.16e+8	1.87e+8	-3.43e+7	3.62e+6	-1.95e+5	5.04e+3	2.24e+1
	z	-2.82e+8	7.95e+8	-9.04e+8	5.26e+8	-1.60e+8	2.06e+7	8.94e+5	5.49e+5	5.10e+4	-8.28e+2	-2.16e+2

相对于 P_0 的位置向量;$|\boldsymbol{r}_3|$ 表示 $\dot{\boldsymbol{r}}_3$ 的模长,即 P_3 到 P_0 的距离;$\dot{\boldsymbol{r}}_1$ 表示 P_1 相对于 P_0 的位置向量;$|\boldsymbol{r}_1|$ 表示 $\dot{\boldsymbol{r}}_1$ 的模长,即 P_1 到 P_0 的距离。

2. 翅膀运动计算方法

图 5.8 所示为翅尖运动轨迹在以翅根为圆心、半弦长半径的球面上形成"8"形。翅膀的运动与蹼足的运动相互耦合,翼尖采用"8"形轨迹。当蹼足抬起时,翅膀向下最大迎风面积拍打;蹼足踩下时,翅膀侧过以最小迎风面抬起。表 5.3 所示为翅膀运动参数。

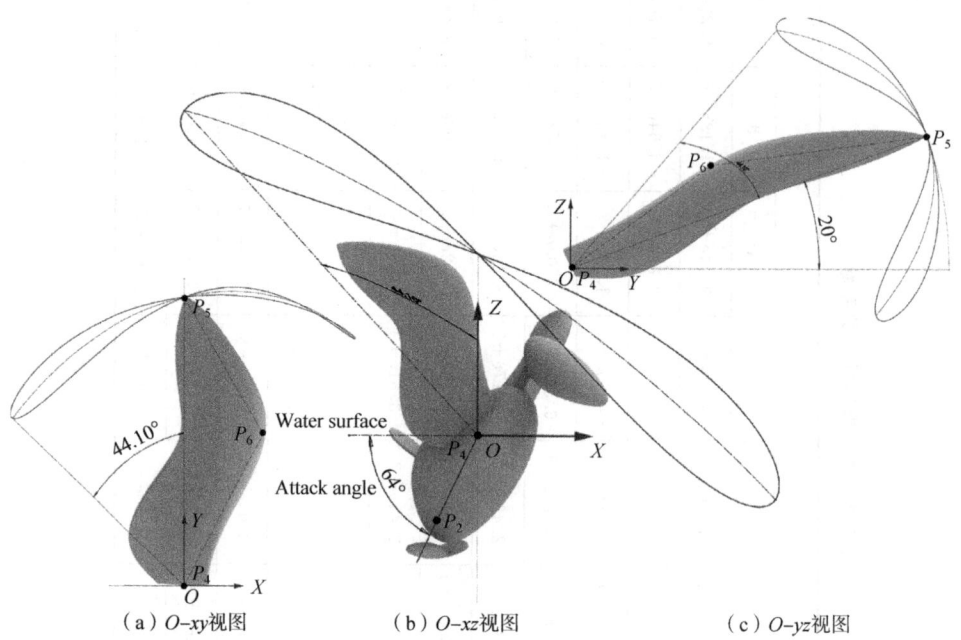

(a) $O\text{-}xy$ 视图　　　　(b) $O\text{-}xz$ 视图　　　　(c) $O\text{-}yz$ 视图

图 5.8　翅尖运动轨迹在以翅根为圆心、半弦长半径的球面上形成"8"形

表 5.3　翅膀运动参数

代号	内容	代号	内容
φ_{at}	躯干实际攻角	$\varphi_{at}=30°$	基准攻角
$\theta_s=80°$	表观翅膀最大拍动幅角	$\psi_0=20°$	"8"字中心上仰角
$\gamma_1=\varphi_{at0}=30°$	上扬最大俯角(以俯为正)	$\beta=-\pi/2$	翅膀运动初始相位
$\theta_0=2\arctan\left(\dfrac{\tan\left(\dfrac{\theta_s}{2}\right)}{\cos(\varphi_{at0})}\right)=88.2°$	实际翅膀最大拍动幅角	$\gamma_0=\arctan(2\times 0.06)=6.8°$	下拍最大俯角(以俯为正)

定义正"8"字坐标下肩关节到翅尖的方向向量 $e_5=[x,y,z]^T$，则有

$$\begin{cases} x=-\tan(6.8°)\sin(44.1°)\sin(4\pi ft-\pi) \\ y=\sqrt{1-x^2-z^2} \\ z=-\sin(44.1°)\sin(2\pi ft-\pi/2) \\ \gamma=18.4°-23.2°\cos(2\pi ft-\pi/2) \end{cases} \quad (5.6)$$

x、y、z 为翅尖在正"8"字坐标系中的位置分量。x 为横向分量，由下拍俯角（$\gamma_0=6.8$）和摆动幅度（44.1°）共同调制。z 为垂直分量，反映翅膀的周期性上下拍动。y 通过归一化条件（$x^2+y^2+z^2=1$）计算，确保方向向量为单位向量。γ 为动态俯仰角，描述翅膀绕肩关节的俯仰运动。f 是扑动频率，单位为 Hz，控制"8"形轨迹的周期性。

$$\dot{e}_5 = \begin{bmatrix} -4\pi f\tan(6.8°)\sin(44.1°)\cos(4\pi ft-\pi) \\ \dfrac{-\pi f\sin^2(44.1°)(\sin(4\pi ft-\pi)+2\tan^2(6.8°)\sin(8\pi ft))}{y} \\ -2\pi f\sin(44.1°)\cos(2\pi ft-\pi/2) \end{bmatrix} \quad (5.7)$$

$$\dot{\gamma}=23.2°\pi f\sin(2\pi ft-\pi) \quad (5.8)$$

式中，$\dot{\gamma}$ 为俯仰角速度，单位为 rad/s，描述翅膀俯仰运动的瞬时变化率。

可得正"8"字坐标下翅膀的角速度为

$$\begin{aligned} \boldsymbol{\omega}_{5a} &= \boldsymbol{e}_5 \times \dot{\boldsymbol{e}}_5 \\ \boldsymbol{\omega}_{5r} &= \dot{\gamma}\boldsymbol{e}_5 \\ \overline{\boldsymbol{\omega}_5} &= \boldsymbol{\omega}_{5a}+\boldsymbol{\omega}_{5r}=\boldsymbol{e}_5\times\dot{\boldsymbol{e}}_5+\dot{\gamma}\boldsymbol{e}_5 \end{aligned} \quad (5.9)$$

式中，e_5 为单位方向向量，表示翅膀"8"形轨迹的基准方向；$\boldsymbol{\omega}_{5r}$ 为绕 e_5 轴的旋转角速度分量；$\boldsymbol{\omega}_5$ 是翅膀的总角速度（需修正叉乘项）。

旋转到所需的"8"字角度：

$$\boldsymbol{\omega}_5 = \boldsymbol{A}_5\overline{\boldsymbol{\omega}_5}$$

$$\boldsymbol{A}_5 = \begin{bmatrix} 1 & 0 & 0 \\ 0 & \cos(20°) & -\sin(20°) \\ 0 & \sin(20°) & \cos(20°) \end{bmatrix} \begin{bmatrix} \cos(56°) & 0 & -\sin(56°) \\ 0 & 1 & 0 \\ \sin(56°) & 0 & \cos(56°) \end{bmatrix} \quad (5.10)$$

式中，$\overline{\boldsymbol{\omega}_5}$ 为局部坐标系中的原始角速度，单位为 rad/s；A_5 为旋转矩阵，由两次基本旋转组合而成。

考虑躯干运动的影响可得翅膀的刚体运动参数：

$$\begin{aligned} \boldsymbol{\omega}_{\text{wing}} &= \boldsymbol{\omega}_5+\boldsymbol{\omega}_{\text{body}} \\ \boldsymbol{v}_{\text{wing}} &= \boldsymbol{v}_4=\boldsymbol{v}_2+\boldsymbol{\omega}_{\text{body}}\times\boldsymbol{r}_4 \end{aligned} \quad (5.11)$$

式中,ω_{body}为躯干的角速度,仅包含绕 y 轴的分量,单位为 rad/s;v_2 为躯干参考点 P_2 的线速度,单位为 m/s;r_4 为翅膀参考点相对于躯干的位置向量,单位为 m。

3. 翅膀运动计算方法

躯干的刚体运动参数为

$$v_{body} = v_2 = \dot{P}_2$$
$$\omega_{body} = [0 \quad \omega_{body,y} \quad 0]^T \tag{5.12}$$

式中,P_2 为躯干的参考点(如髋关节),其线速度 v_2 直接由轨迹数据得出;$\omega_{body,y}$ 为躯干绕 y 轴的角速度,由攻角拟合方程分段定义。

其中角速度分量可根据前述的攻角拟合方程获得。

$$\omega_{body,y} = -\frac{8\pi}{180T_1}(t<0.375 \text{ s})$$

$$\omega_{body,y} = -\frac{\pi}{180}\left(\frac{8}{T_1} + \frac{\pi}{2T_2}\left(86.2 - 64 - 8\frac{T_2}{T_1}\right)\sin\left(\pi\frac{t-T_1}{T_2}\right)\right)(0.375 \text{ s}<t<0.589 \text{ s})$$

$$\omega_{body,y} = 0(t>0.589 \text{ s}) \tag{5.13}$$

式中,T_1 为第一阶段(快速调整阶段)的时间终点,对应躯干攻角快速变化的持续时间;T_2 为第二阶段(非线性调整阶段)的时间跨度,对应躯干攻角非线性变化的持续时间。

5.4 计算结果分析

5.4.1 鸬鹚水面起飞运动学描述

基于前面章节介绍的运动轨迹重构数据,结合动网格所得到的重构图像,鸬鹚在水面助跑时在每个周期下拍翅膀的时候同时前收脚掌,上扬翅膀的时候同时用脚掌后蹬水。图5.9(a)所示为鸬鹚起飞运动重构及水位分布,图中红色代表水,蓝色代表空气,同时将周期分布也标识出来。可见第一周期中,由于速度较慢,水面波动并不明显。第一个周期中,鸬鹚主要是向前移动,蹬水方向主要是向后蹬,而且第一周期较长,蹬脚掌速度较慢。第二个周期中,鸬鹚主要是后仰转体,同时开始向上运动。此时䴘收脚掌的时候更贴近腹部，以取得更高的蹬水位置，蹬水方向主要是向下蹬。第二周期比第一周期短，蹬脚掌速度快。第三个周期不是完整周期，主要是延续周期二的动作瞬时收脚掌，此时䴘向上运动明显，之前形成的波浪继续波前移，速度减弱，波浪造成的压力波动在衰减。到了最后时刻，脚掌突然往前往下压，带起了较高向下的水流速度，䴘离开水面。

图5.9(b)所示为从实验数据拟合的部件的运动学结果，现在试图从流体的动力学结果解释固体的运动学数据。因为本计算并不是固体运动和流体动力耦合计算，所以这部分解释工作误差将会较大，只要大致匹配就说明本计算比较成功。

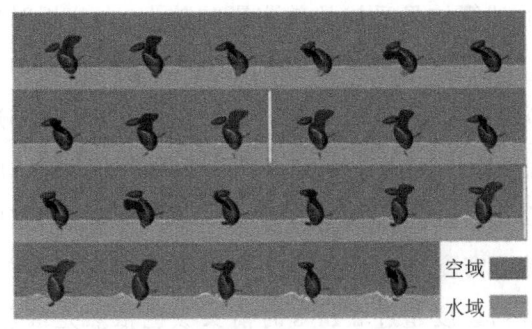
(a) 䴘起飞运动重构及水面水位分布

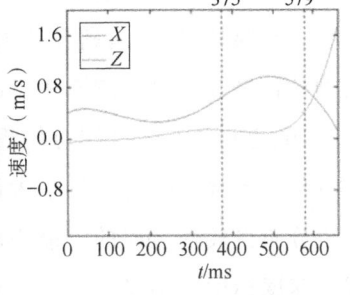
(b) 从实验数据拟合的部件的运动学结果

图5.9 䴘水面起飞运动学描述

第一周期髋关节在 x 方向上出现先减速后增速的现象，与前述的前收后蹬的动力学结果相匹配；在 z 方向的后蹬过程有一定的加速度，也与动力学结果匹配。y 方向的结果主要看绕 y 轴的角速度，从角速度图可以看出此时䴘躯干处于持续缓慢后仰的过程，这是由于第一周期的运动比较平缓，而脚掌在身体下方向后蹬会形成后仰的力矩，这也是比较匹配的。第二周期髋关节在 x 方向上出现先增速后减速的现象，与增速主要是跟第二阶段脚掌持续后摆有关，而减速主要是与480 ms处的突然上提有关，与动力学结果大致匹配；在 z 方向的下蹬过程有较大的加速度，与动力学结果非常匹配。绕 y 轴的后仰角速度比第一周期明显增加，这是由于第二周期迅速下蹬带来更大的后仰力矩形成的，不过角速度增加的时间与下蹬的时间不一致，可能是由于躯干角度的运动学数据较少造成的误差引起的。第三周期髋关节在 z 方向上加速的现象与前述的向上推力较大的结论相匹配；然而在 x 方向上出现了减速甚至

图5.9 彩图

x 方向速度接近于 0,这个现象暂时还不好解释,可能是由于模型中忽略了鸬鹚左右摆动和拐弯的效应引起的。此时鸬鹚身体基本处于竖直状态,其转动角速度基本不变,这个姿态调整还需要从翅膀和身体的运动受力综合考虑分析。

5.4.2 鸬鹚水面起飞流场结果

上述第一个周期属于准备阶段,鸬鹚初始时刻有一定的速度,造成了脚掌迎水面区域以及躯干迎水区域局部高压。因为计算的初始状态假设了水流速度为 0,但是实际情况下,在初始时刻水流速度并不为 0,而是在鸬鹚附近的流体速度与鸬鹚移动相近。所以初始时间的计算结果受初始效应影响较大,在分析时应当舍弃。在第三阶段,鸬鹚身体大部分已经在空中,所以我们选择第二个周期作为典型的计算时间段。图 5.10(a)所示为 $y=93$ mm 和 $y=400$ mm 平面内的速度分布,颜色和箭头长度同时体现速度大小,箭头方向体现改点的速度方向。鸬鹚的背部和尾部区域有一片较大面积的蓝色,这是由于这些区域网格较密,速度箭头也分布得较密造成的。箭头的疏密度与流场没有关系,只跟网格分布有关。本节中速度标度范围是 0~2 m/s,当速度超过 2 m/s 时箭头颜色依然是红色。$y=93$ mm 平面是肩髋关节所在的竖直平面,主要用于监测鸬鹚肩关节和脚掌周围的流场。速度较大的区域主要有三处:翅膀肩部附近、脚掌附近以及躯干与水面接触区域。翅膀肩部附近的速度较大,这是由于翅膀上扬/下拍时,翅膀上/下区域的空气主要经过肩颈部位的通道流动到另外一个区域。当脚掌经过 $y=93$ mm 平面的时候,脚掌附近的速度也较大,这是脚掌拨水引起的。还有当鸬鹚向前移动的时候,会在躯干前侧激起浪花,后侧则形成水的回流,速度较大。$y=400$ mm 平面的速度分布,这个平面主要是翅膀尖端划过的主要区域,可以用于监视翅膀尖端附近的流动。可以看出翅膀尖端带动起的空气流动速度和涡旋是明显大于其他区域的,这是由于翅展较长,翅膀尖端本身的速度较高所致。另外可以看出翅膀的拍动只影响到空气流动,尽管空气流速较高,而水的流动几乎不受空气流动的影响。如图 5.10 所示,鸬鹚脚掌在 $5/9\ T$~$7/9\ T$ 上提的时候明显带起了较高的水流速度,而在 $8/9\ T$~T 下蹬的时候,蹬出了一道较高速度向前移动的水流。当脚掌处于缩回状态时,之前蹬出的水流会逐渐消失。图 5.10(b)所示为鸬鹚的水平速度先增大后减小,从 $1/9\ T$ 的 0.65 m/s 到 $11/18\ T$ 的

0.96 m/s,再下降到 T 的 0.49 m/s,平均速度为 0.83 m/s,水平位移为 0.169 m。竖直速度从 1/9 T 的 0.13 m/s 到 5/9 T 的 0.09 m/s,最后达到了 0.41 T,平均速度为 0.14 m/s,垂直位移为 0.029 m。图 5.10(c)所示为角速度的变化呈抛物线状,从 1/9 T 的 0.37 rad/s 增加到 5/9 T 的 2.77 rad/s,再增加到 T 的 0.45 rad/s。平均角速度 1.9 rad/s 和仰卧角旋转 0.387 rad(约 22.18°)。

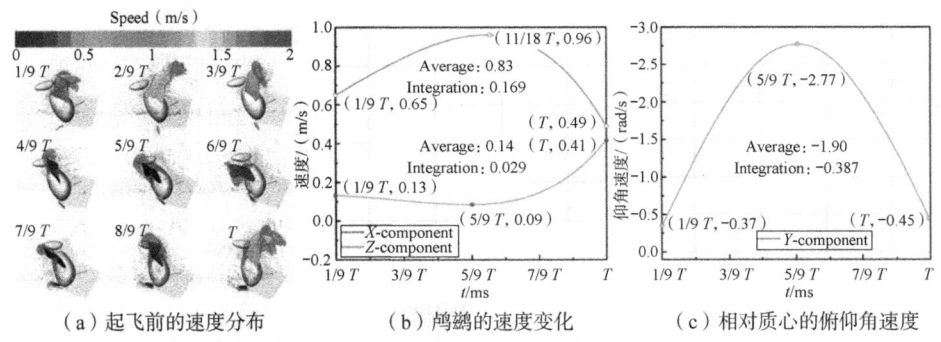

(a)起飞前的速度分布　　(b)鸬鹚的速度变化　　(c)相对质心的俯仰角速度

图 5.10　鸬鹚飞行全过程的速度

图 5.11(g)所示为中心截面和鸬鹚表面的压力分布,标度范围是 0~5 000 Pa。图中压力采用表压显示,即以大气压作为 0 Pa。图中主要显示了水的压力随深度变化,在大部分情况下与水的静压力分布无异。与壁面剪切应力(摩擦应力)相比,压力变化(5 000 Pa 量级)远远大于摩擦应力(200 Pa 量级),因此在本节中主要分析压差阻力效应,而摩擦阻力可以忽略。另外翅膀拍动引起的空气压力变化很弱,可以忽略。这是因为在相同量级的移动速度下,在水中形成的压差阻力远远大于空气压差阻力。在本问题中翅膀拍动速度较慢的情况下,翅膀拍动对受力的贡献很小。水中的压力大部分区域变化不大,主要在脚掌边缘区域形成局部高压。图中可以看出脚掌运动剧烈造成较大的压力波动,脚掌的上表面形成了较高的压力区域,这是由于此时脚掌急需上提引起的。但是在实际中,脚掌在这个过程会握住,迎水面积大大缩小,所以实际在上提过程造成的压力升高不会有这么大。本计算得到的这个瞬时高压的结果是由于对脚掌采用了刚体模型假设,脚掌无法收缩所造成的。7/9 T~T 中压力图的大曲率弯曲主要是与水面形成的波浪造成的重力静压所造成的。另外需要注意的是,7/9 T~8/9 T 时,脚掌底部形成了比相同水平高度明显更高的局部压力,这说明了此时脚掌下蹬的速度较大,脚底的受力也会较大。

图 5.10 彩图

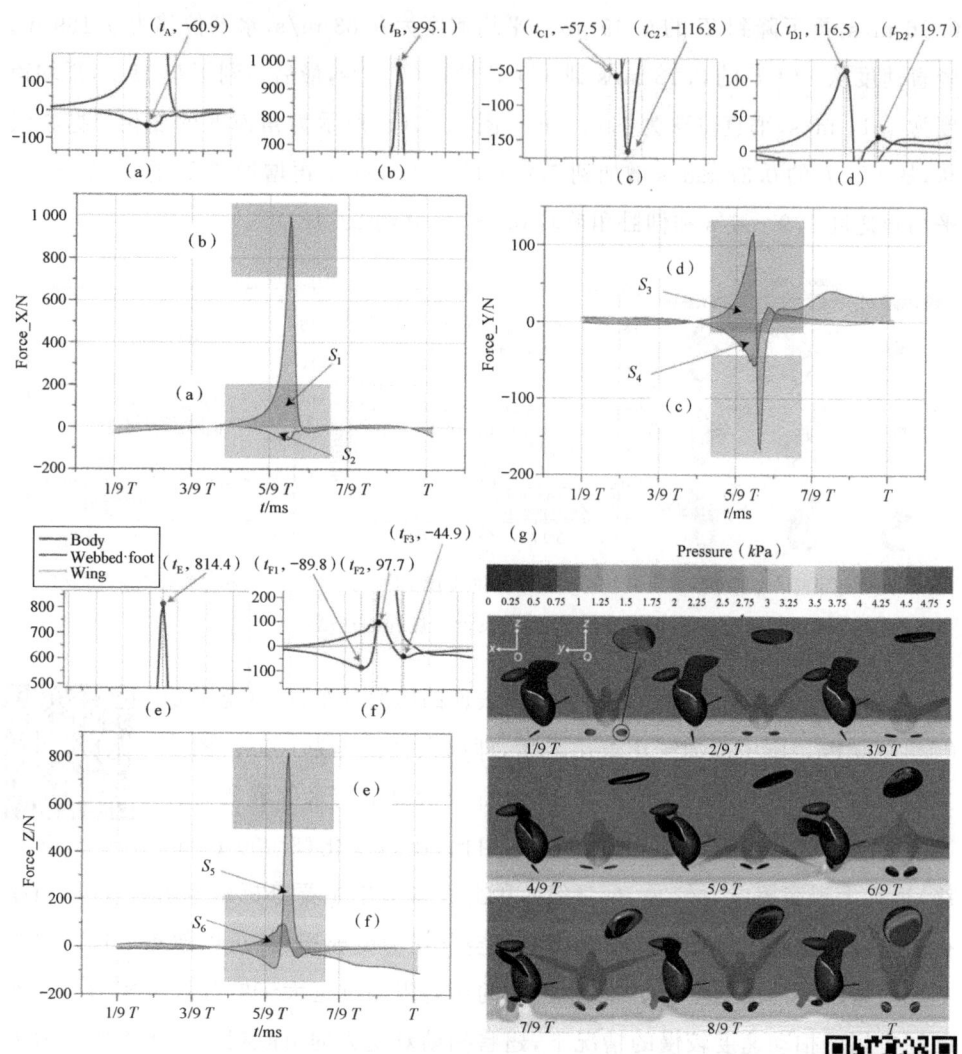

图 5.11　鸬鹚与包括身体、蹼足和翅膀在内的与速度对应的
三轴外部流体的相对力及典型时刻压力分布

(a)和(b)、(c)和(d)、(e)和(f)分别为 x、y、z 三个方向上的流体力，
(g)中每个状态包含 $O\text{-}xz$（侧面）和 $O\text{-}yz$（前面，包含蹼足受力分布细节）两个视图的压力分布

图 5.11 彩图

5.4.3　鸬鹚水面起飞蹼助推进动力学分析

根据脚掌运动的受力特征，对脚掌的运动划分为以下两个阶段：

(1) 冲程阶段：脚掌在水中向后运动，水的阻力较大，脚掌受力显著大于空中阶段。

（2）恢复阶段：脚掌在水中向前运动，运动速度比冲程阶段大，脚掌受到一个较大的脉冲力。

由于CFD是通过计算流体力学来解决固体力学问题，所以以下分析的力表示生物部件对流体的作用力。由于在脚蹼的应力变化在推进阶段起到主导作用，因此主要通过脚蹼的流体涡流受力情况推断鸻鹬的水面推进模式。为了更好地分析鸻鹬在水面运动中的推进模式，本节对脚蹼推进的一个周期中两个阶段分别进行升阻力机制的分析。以下分析中，每个状态代表包含前一时间点到现时间点的一段时间，如1/9 T 代表从0到1/9周期这段时间，另外0与 T 代表同一段时间。在 $0(T)\sim 2/9\ T$，即动力冲程〔$0(T)\sim 6/9\ T$，占7/9周期〕中的下划阶段，脚蹼相对于水向后方、下方划动，水流被加速并涌到脚蹼背水面，这些涡变成不断上升的前缘涡流，在脚蹼的周围形成U形涡流。此时作用在脚蹼迎水面上的兴波阻力和背水面上的涡流阻力是共同构成脚蹼流体阻力，但其相对于鸻鹬的运动方向是向前的，是有用的推进力和托举力。在 $3/9\ T\sim 6/9\ T$，即上划阶段，从涡流分析的角度出发，因为腿部关节的旋转带动，脚蹼的移动线速度比其近腿侧部分快，因此该速度梯度产生伯努利压力。脚蹼的迎水面形成一个封闭的涡流，水流向涡流压力相对较低的脚蹼趾端缘和侧缘，同时鸻鹬和脚掌受到推进力和托举力，与涡流形成的喷射水流的方向相反。从水流运动方向和反作用力来看，当脚蹼向上踢的时候，绝大部分的水流沿脚蹼翘起后沿向后向下排出，其反作用力跟水流方向相反，这个有用的向前向上方的推进力是由升力产生的。

在 $7/9\ T\sim 8/9\ T$，即恢复冲程（占2/9周期）阶段中，脚蹼向前缩回蓄力，脚掌受到流体阻力此时不再提供推进力。由于脚蹼收回，附着在脚蹼上的后缘涡向后传播，变成了启动涡向后脱落，减少了能量损耗和脚蹼阻力。此时脚掌在很短时间内恢复到动力冲程初始阶段，准备下一周期的运动。虽然较快的运动速度导致产生了一个作用在脚蹼上的斜向后向下的阻碍冲量，但是此时较小的迎水面、较短的作用时间以及涡流的高效利用导致并未损失太多的积极冲量。

为了确定鸻鹬的蹼足和翅膀所产生的冲力是否足以支撑其起飞，有必要对计算结果是否符合起飞的真实规律进行定量论证，根据动量定理可知：

$$\int F \mathrm{d}t = m\Delta v \tag{5.14}$$

式中，F 为作用在鸻鹬上的合外力，单位为牛（N）；包括蹼足推进、流体阻力、浮力、重力等；T 为时间，单位为s，积分区间为力作用的持续时间；m 为鸻鹬的质量，单位为kg；Δv 为速度变化量，单位为m/s。

如图 5.11(a)和(b)所示,在 x 方向上,脚蹼的 S_1、S_2 和翅膀对应的积分面积之和为 0.36。鸬鹚的质量为 2.79 kg,速度变化量为 -0.16 m/s。在 x 方向上,推力几乎都是由蹼足提供的,身体阻力是由身体接收的。$\int F dt$ 是各种力对鸬鹚的影响,值为 0.36。而 $m\Delta v$ 的值为 0.44,动量定理方程在水平方向上基本上满足运动条件。如图 5.11(e)和(f)所示,在 z 方向上,S_5、S_6 与翅膀对应的积分面积之和为 5.124。速度的变化量是 0.28 m/s。垂直方向的位移为 0.029 m,重力做的功为 -0.8091。在 z 方向上,鸬鹚同时受到流体力(包括浮力)和重力的影响。$\int F dt$ 的值为 4.31,而 $m\Delta v$ 的值为 0.78。也就是说,在 z 方向上,流体只有大约 20% 的能量转化为起飞动能。这是因为介质之间的物理差异以及在离开水面的过程羽毛携带大量的水从而造成了大量的能量损失。

图 5.12 所示为鸬鹚水面起飞阶段躯体、翅膀和脚蹼受到的三轴流体力。图中曲线均没作平滑处理,躯干受力的抖动是由于波浪变化和数值误差引起的。其中 480 ms 附近在脚掌上出现了瞬时过大的流体作用力,对应前述结果可发现,这个时间点对应脚掌收到躯干前部突然上提的过程。这是由于模型没考虑脚掌在向上收的过程中的脚趾弯曲效应,导致在计算中造成以整个脚背的面积快速向上拍动,从而受到反方向的过大的流体作用力。然而在实际中鸬鹚脚掌在上收过程中脚趾收起,大大减少迎水面积,并不会出现如此大的作用力。从各个部件受流体作用力的量级来看,脚掌是主要的受力部件,躯干其次,而翅膀的受力可以忽略。其中躯干的受力主要受其在水中的体积影响,即浮力的作用(z 方向受正方向作用力,且与鸬鹚髋关节的上升趋势一致)。因此下文主要分析脚掌受水的流动作用力。

图 5.12 彩图

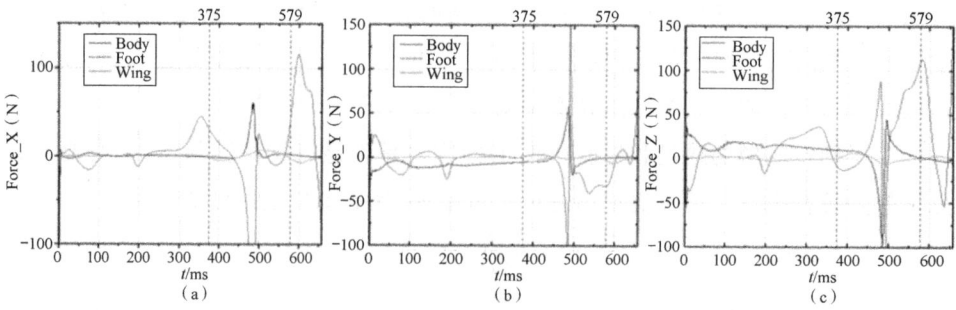

图 5.12 鸬鹚水面起飞阶段躯体、翅膀和脚蹼受到的三轴流体力

图 5.12(a)为第一个周期的结果,此时脚掌运动主要分为前收(0~220 ms)和后

蹬(220～375 ms)过程。可见脚掌在前收过程对前进和上升趋势都是阻碍作用,而到后蹬过程,则有明显较大的向上和向前的作用力。向上和向前的推力冲量大于前收过程的阻力冲量。图 5.12(b)为第二个周期的结果,此时脚掌运动主要分为上提(375～500 ms)和下蹬(500～579 ms)过程。此时若不考虑 480 ms 附件的过大作用力,可见脚掌在上提和下蹬两个过程中在 x 方向上的所受的推力阻力冲量基本互相抵消。而在 z 方向上,脚掌在上提过程所受的推力阻力冲量基本互相抵消,在下蹬过程则受到比第一周期大得多的正推力冲量。图 5.12(c)为第三个周期的结果,此时脚掌顺势后摆,获得较大的向前推力。在 610 ms 前还有一定的向下蹬的动作,此时还有较大的向上推力。到接近 658 ms 的时候,脚掌向前下方压,获得较大的向上推力。

本章我们首次拍摄和定量分析了已知具备最佳的水生性能的水鸟,即鸬鹚的水面起飞行为。由于它们相对较大的体重,鸬鹚必须产生足够的水动力才能支撑水面起飞。根据运动学分析,在冲程阶段前期,升力的峰值早于推力的峰值,因此鸬鹚的出水方案是通过先用升力使身体浮出水面,避免太大的水面兴波阻力;之后不断调整姿态适应变化的流场,先产生在水平方向的加速度,随后产生在垂直方向的加速度,这是由于阻力和黏性力较大,初始阶段在垂直方向上难以加速。此时水平加速度与上攻角、扑翼相匹配,产生一定的升力。当身体抬起,与水面的距离有了一定高度时,鸬鹚会主动调整身体攻角。在惯性作用下,水平推进方向的速度主要转化为高度方向的速度。我们分析了大量的起飞场景,发现起飞初始阶段脚蹼产生的动力起到了关键作用,模拟结果记录了脚蹼运动时弦向截面近场涡流的变化情况,发现脚蹼在一个划水周期内其上缘涡不脱离蹼面和下缘涡加速脱泻现象。流场结构变化对脚蹼划水的水动力具有重要影响,能够实现相对高效的划水推进。

5.5 本章小结

开展实物水面试验对场地和设备要求较高,且对活体生物控制难度大,时间成本较高,而随着计算机技术的日趋成熟,对鸬鹚水面短距起飞过程进行数值模拟具有成本低、准备周期短、工况条件易于控制、重复性好、可信度高等特点。因此在本章里,我们用 CFD 通过执行数以百万计的数值计算来模拟流体和鸬鹚表面的交互现象,研究鸬鹚原理样机在典型工况下出水的气、液两相分布变化过程,比较出水过程典型位置的瞬时压力分布云图、速度云图及矢量场,分析鸬鹚出水过程流场的变化规律以及载荷特性,从而为研究水空跨域航行器出水控制规律、制定最优的出水方案等提供理论支撑。最终,我们总结了 3 个主要因素有助于鸬鹚成功地在水上起飞:起飞的合适密度,高步频的拍击力和在脚蹼回程收缩减少阻力。

第 6 章
仿生骨骼蒙皮的流固耦合作用机理分析

涉及柔性体大变形的三维流固耦合在生物系统中普遍存在，生物的躯体、鳍翅、脚蹼等结构都具有黏弹性特性，这些结构在不同的环境中受到肌肉产生的内力、惯性力和流体力的作用，结构发生变形甚至特性会发生改变。目前仍未有精确、有效的数值模拟方法来解决柔性变形、相对运动等复杂动边界问题，我们通过骨骼蒙皮算法发展了基于变形/重叠动态混合网格数值模拟方法，进一步改进了耦合模拟算法，建立了并行环境下流固耦合三维高拟真平台。

6.1 引言

鸟类的翼、蹼以及鱼类的鳍等都可以利用结构的主动运动和被动变形来提升游动性能。鸬鹚生物柔韧脚蹼被认为是在起飞前实现最佳游泳性能的最重要特征之一，但关于具有非均匀分布刚度的可变形仿生鳍的研究很少。脚蹼在水中运动主要涉及流体和脚蹼相互耦合的动力学问题。在计算流体力学应用中经常会遇到包含运动边界的流动问题，除了需要解决运动边界条件下的动态网格生成问题外，还要发展和动态网格技术相匹配的非定常流动数值模拟方法以及多学科耦合求解算法。流固耦合问题的主要特点是结构在流体的作用下会产生运动或变形，而这种运动或变形反过来又会对周围的流动产生影响。流固耦合现象具有以下 3 个特点，即多介质耦合、非线性特性及多时间尺度效应。对于流固耦合问题，由于实验观测和理论分析的困难性，因而数值研究便成为一种重要的分析手段。在建立流固耦合系统的数值方法时，结构边界类型是重要的考虑因素。按照运动行为来划分,流场中的结构可归纳为静止刚体、运动刚体、主动变形柔性体和被动变形柔性体,其中后两者普遍存在于水生生物的运动中,其特点是结构边界会产生大幅度的变形和位移,鸬鹚脚掌运动也不例外。鸬鹚脚蹼的运动主要包括高速拍动和低速波动两种形式,其中涉及生物结构材料的本构关系与性能参数、非定常流体力学以及生物解剖学和生物形态学等,是复杂的多耦合过程。本章所要研究的问题属于柔性结构与流体之间的双向耦合,因此需要尽可能精确地求解结构运动、流场演变以及两者之间的相互作用。

  鸬鹚脚蹼的高速拍动贡献了水面起飞绝大部分的冲量,运动学过程上相对简单,而且速度较快,因此只考虑脚蹼作为被动柔性体变形。实际的生物结构和材料特性很复杂,其变形为外部结构惯性力、流体作用力和内部组织控制力综合作用的结果,生物运动中固有的非线性特征也为问题的求解增加了难度。为了得到脚蹼拍动在动力行程和恢复行程中与环境介质的非定常水动力分布,本章提出了基于计算流体力学的流固耦合数值物理模型解法(Fluid-Structure Interaction based on CFD,FSI-CFD)。核心思路是通过 CFD 求解生物运动中受到影响的流体方程,有限元方法在宏观和微观层面上提供生物运动的速度、压力等物理变量的详细信息;采用弹性力学理论求解相应的结构力学方程,以迭代的方式逐步解决 FSI 问题。

  此外我们还针对鸬鹚水面起飞中表现优异的脚蹼低速波动行为做了详细研究,我们观察到脚掌振荡运动中有一个小的波动分量,即柔韧脚蹼通过脚趾的微小摆动和脚垫表面的被动配合来实现波动形状,可能通过周围的循环涡旋动力产生力和力矩。复杂流场环境中柔性体的运动是一个更复杂的流固耦合问题,柔性体的特征是抗弯刚度较小,与流体作用过程中易产生大位移变形,真实的脚蹼形状不规则,运动结构复杂,变形参数难以获取。基于骨骼蒙皮变形技术,我们根据鸬鹚各关节之间的约束性进行骨骼运动限制,骨骼驱动皮肤模型中的各顶点的位置发生变化,实现皮肤变形,构成符合生物学原理的逼真脚掌运动。因此必须求解变形运动的高阶偏微分控制方程,通过模拟重叠和变形相结合的动态混合网格生成技术,将现有的浸入边界流动求解器与非线性有限元固体力学求解器结合[93],如图 6.1 所示,专门用于 FSI 问题分析。浸入边界方法将浸入流体的刚体模化成 N-S 动量方程中的体力,这样整个物理区域(流体区域和刚体区域)可以看成一个流场进行求解。浸入边界方法采用两套网格,整个物理区域在欧拉描述下采用笛卡儿网格离散,刚体边界区域在拉格朗日描述下使用适体曲线网格离散。拉格朗日变量和欧拉变量的信息交换通过近似光滑函数实现。两套网格互不关联,流场求解不再使用简单的动网格技术,从而避免了网格畸形以及离散网格几何不守恒等问题,能够有效地处理刚体与流体的相互作用。这种并行化动态网格生成方法大幅提高了动态网格生成效率,有利于处理大规模的动边界问题。

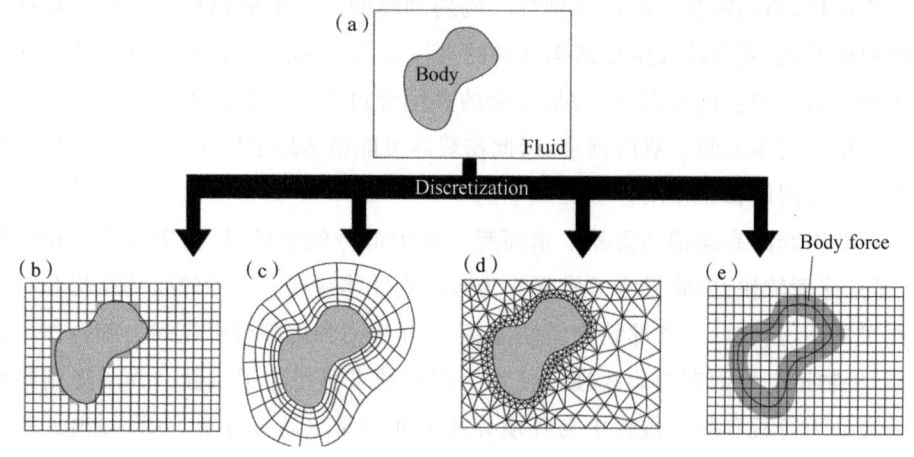

图 6.1 流固耦合动边界的 4 种数值方法
(a)初始系统;(b)逐步逼近;(c)体网格方法;(d)非结构网格方法;(e)浸入边界方法

6.2 流固耦合计算模型

6.2.1 数值方法

对于具有明确流固边界的流固耦合问题的数值方法,根据耦合程度的不同,可分为强耦合(整体直接解法)和弱耦合(分步间接解法)[94]。前者在求解器方程矩阵用统一数学体系同时求解流固控制方程,该方法具有较高的数值精度以及较好的数值稳定性;后者是分别求解流体和固体的控制方程,通过流固耦合交界面进行数据传递。该方法编程简单,对计算机性能的需求大幅降低。生物运动中的流固耦合存在复杂的几何外形和大变形的复杂运动流固界面等困难,考虑到同步求解的收敛难度以及耗时问题,本章利用系统耦合模块实现双向分步间接求解,而如何保证界面的追踪和物理量满足相容条件是主要困难。图 6.2 所示为该双向流固耦合过程中所需要的模块和各自的数据传递关联:

(1) 固体力学计算模块接收从流体区域传递过来的固体表面受力信息,实现固体区域的固体弹性力学计算，算出经过某时间步长后固体区域的整体应力分布、变形和位移，把固体表面的位移信息传递给流体区域。

（2）流体力学计算模块接收从固体区域传递过来的固体表面位移信息，实现流体区域的流体力学计算，算出经过某时间步长后流体区域的速度场、压力场、气液分布和湍流信息分布，把固体表面的流体作用力分布传递给固体区域。

流固耦合求解器（System Coupling）需要对以上两个求解过程不断迭代计算，并向前推进时间，以获得各个时间点下流体和固体区域内的计算结果。几何模块（Geometry）分别为流体力学和固体力学计算模块定义几何模型和三维数据信息。而流体力学计算模块和固体力学计算模块则各自为自己区域设置网格、数学物理模型以及数值计算参数。图 6.2 中参数集模块（Parameter Set）的作用是为各个模块提供关键参数的快捷设置途径，该模块的存在与计算效果无关。固体力学计算可采用静态分析或瞬态动力学分析，由于脚掌移动速度较快，惯性对固体力学分析影响较大，因此采用基于有限元法的瞬态动力学模块（Transient Structural）进行计算。在模型中考虑了软体弹性变形、惯性、软体自身重力、虚拟限位器几何运动还有流体作用力的作用，流体计算模块在第 5 章已经做过描述，本章均不再赘述。

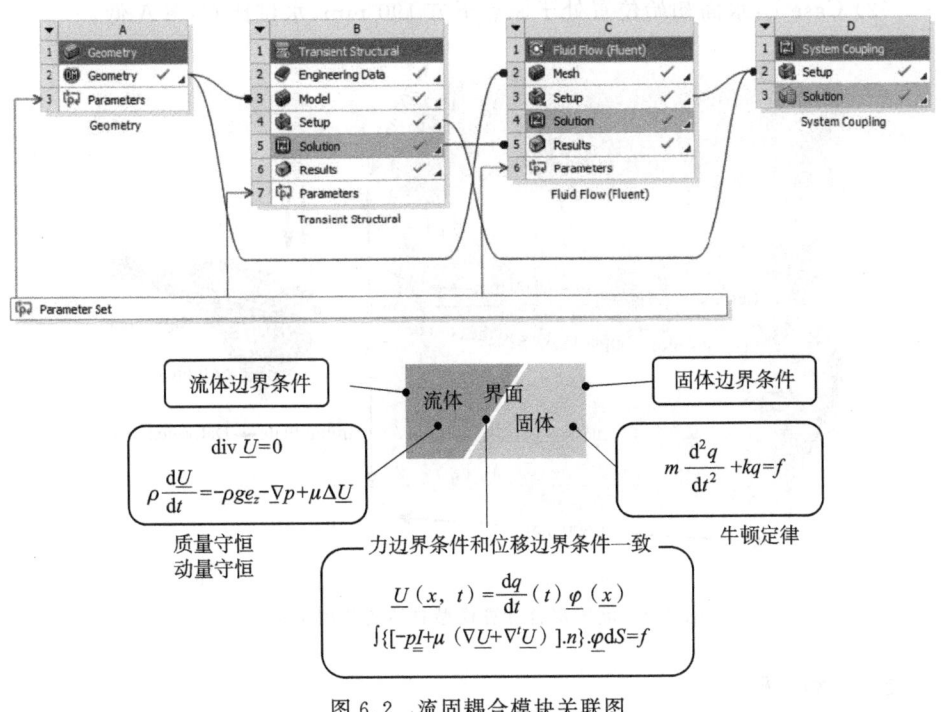

图 6.2　流固耦合模块关联图

6.2.2 几何模型

1. 总体描述

我们将在本章模拟仿生脚掌连杆机构末端两块固体板在连杆运动一个周期中的受力和运动。其中两块固体板分别为脚掌后半部分的硬板与前半部分的软体。固体板与连杆固定,其运动轨迹由连杆机构给定。软体与固体板连接,其运动轨迹与其惯性、重力、弹性力、流体作用力以及限位的约束作用有关,需要通过流体力学与固体弹性力学耦合同时计算流体与固体系统的受力与运动。包括周围流体和柔性脚蹼之间的相互作用,导致变形脚掌的运动路径将经过气相和液相,需要考虑脚掌固体高速拍打水面时的行为,因此在流体力学计算中还需涉及两相流与湍流计算。如图 6.3(a)所示,几何坐标原点位于连杆机构的主动杆旋转中心,$+x$ 指向脚掌后方水平方向,$+y$ 指向竖直向上,$+z$ 指向脚掌左侧水平方向,连杆主动杆绕 z 轴逆时针旋转。本项目中一共计算两个工况,以模拟鸬鹚在不同起飞高度时脚掌周边不同的流体环境:

(1) Case A:水面初始位置处于原点下方 130 mm,脚掌脚跟刚好与水面平齐。
(2) Case B:水面初始位置处于原点下方 190 mm,水位比 Case A 低。

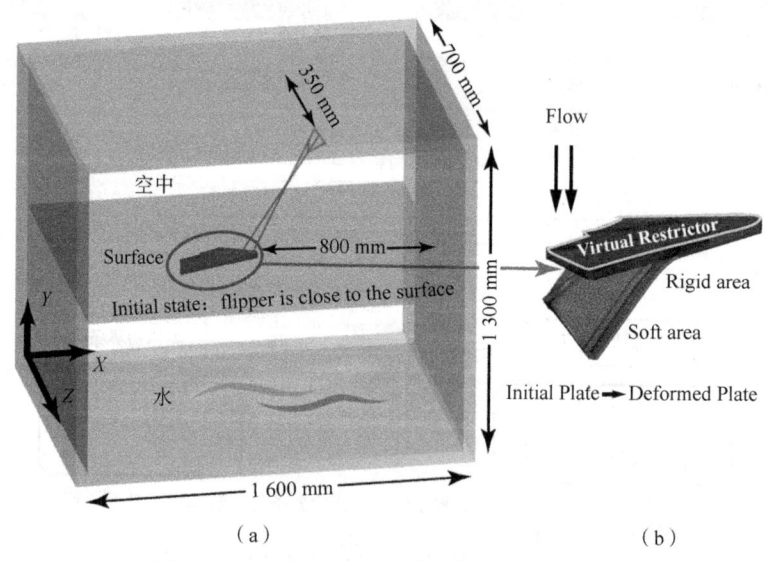

(a)   (b)

图 6.3　流固耦合计算模型总体的几何示意图

2. 固体区域

脚掌网格外表面用于传递流体作用力和位移信息,在脚蹼模型中,软体区附属

于刚性区,如图 6.3(b)所示。为了方便计算,在脚掌模型的一侧引入虚限流器的概念,作用如下:

(1) 在任何时刻,脚掌不能与虚拟限位器在空间上重叠,从而限制脚蹼仅在一个方向变形。当软体网格与虚拟限位器接触时,软体与虚拟限位器的接触区域将对软体产生一个刚性反弹作用,从而阻止软体网格往限位器方向继续运动,在动力学上防止软体与虚拟限位器在空间上重叠。如此模拟脚掌机构中的关节铰链限位作用。

(2) 虚拟限位器不设置网格,其位置信息只用于脚掌的固体力学计算,而不会传递到流体区域。因此虚拟限位器对于流体力学计算模型来说是"透明"的刚体,只需要根据运动学计算获得它们在每个时刻的位置和运动速度、加速度信息,不会影响流场,可认为流体在计算过程中会"穿透"虚拟限位器。

6.2.3 网格

流体计算与固体计算网格类型完全不同,实际上是由流体力学的研究方法以及宏观和微观的差异来决定的。目前的实体有限元计算通常使用的都是拉格朗日网格,同流体应用计算中最常采用的是欧拉网格。如果我们将拉格朗日网格节点作为在现实世界中的物质,那么相对说来欧拉网格节点就相当于现实世界中的传感器,它们往往是保持不动的,所以一般总是处在同一个位置,将各自位置上物理量的变化记录。在正常情况下,欧拉系统是这样的:它在计算域和节点上是不随着时间的变化而变化的,而变化的仅仅是各种监测参数,同时,各个节点就像一个个传感器安排在各个位置上,真实记录着各种物理量的实际变化。图 6.4 所示为初始生成网格示意图,相关参数如表 6.1 所示。注意到流体区域中脚掌表面网格与固体区域脚掌表面网格并不一致,在流固耦合计算中将采用插值的方式实现受力信息和位移信息在两个区域间的传递。自现代生物力学之父冯元桢用有限元法求解生物力学以来[95],先后多种网格划分方法被开发出来。四面体作为最简单的三维常应变、常应力单元,计算精度低,且在处理复杂载荷的接触条件时难收敛;六面体单元在处理曲率变化复杂的畸形表面时虽能提高计算精度和收敛特性,但人工分区比较烦琐、网格划分耗时较长,经常不得不做较多外观简化。

(1) 固体区域中对脚掌软体和硬板区域分别建立网格,并对连接附近区域进行网格局部加密。硬板区域杨氏模量 2×10^{11} Pa,软体区域的位移和变形、受力信息为本项目计算的重中之重,因此采用较细的网格,采用六面体为主的网格,软体

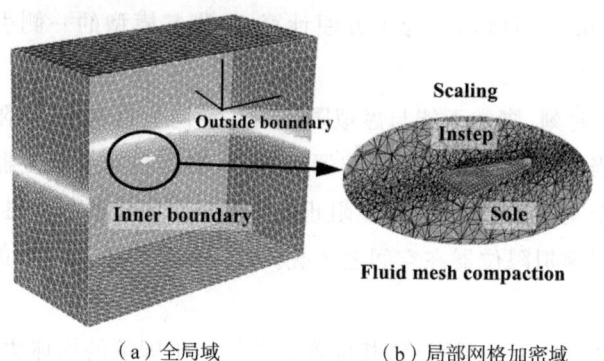

（a）全局域　　　　　　　（b）局部网格加密域

图 6.4　初始生成网格示意图

的等效杨氏模量设置为 2×10^7 Pa，泊松比设为材料值 0.48。固体区域网格量虽少，但由于固体力学计算的接触问题复杂和四阶方程计算需求，计算消耗也相当大。

（2）流体区域中脚掌空间被挖空，分别定义出脚掌的软体外表面和硬板外表面，用于传递流体作用力和位移信息。流体计算中需要重点关注和加密的区域为两处：水气界面和脚掌表面附近，图 6.4 中可看出该加密的效果。由于本流固耦合计算中脚掌区域运动范围大、软体变形大，有必要采用动网格计算中的网格重构技术，而其他动网格计算均难以胜任。为了采用该技术，流体区域所有网格都必须采用四面体网格，其他网格类型（六面体、多面体、棱柱体）均不适用。由于涉及非稳态和两相流计算，该网格量下计算消耗较大。

表 6.1　流固耦合数值计算网格参数比较

类别	数量	描述	类型	稀疏尺寸	致密尺寸
固体	4 000	拉格朗日	六面体	3 mm/2 mm（软）	0.5 mm
流体	220 万	欧拉	四面体	50 mm	2 mm

6.3　脚掌拍动流固耦合结果

6.3.1　柔性脚掌拍动受力分析

以 Case A 场景为代表分析柔性可变形的脚掌在流固耦合作用下的运动受力情况。图 6.5(a)所示为 Case A 全脚掌受流体作用力的时间历程，图中 4 条曲线分别代表流体作用力的 3 个方向分量及作用力的合力大小。在每个冲程过渡时刻和曲线上出现明显极值点的时刻,给出了速度和压力分布的示意图,图 6.5(a)和(b)中的红色框对应红色计数参考图例。图 6.5(c)中的蓝色框对应蓝色计数参考图例。罗马数字Ⅰ～Ⅶ代表运动过程中的 7 个典型阶段,将生物运动与流体模拟运动对应。可见脚掌受流体作用力主要有以下特征:

(1) 在入水前阶段,脚掌受到的力与入水后的阶段相比可以忽略。

(2) 入水后,+y 方向受到的流体作用力在 600 ms 左右达到后拨阶段的最大值,在 820 ms 左右达到恢复阶段的最大值。

(3) 入水后,+x 方向受到的流体作用力在 640～680 ms 达到后拨阶段的最大值,在 830～850 ms 达到恢复阶段的最大值。

(4) 流体合作用力的数值大小与+x 方向流体作用力大小基本一致。

(5) +z 方向作用力在冲程阶段在 1 N 的量级,在恢复阶段在 10 N 的量级,与流体合作用力相比可以忽略,意味着脚掌不对称性带来的影响较小。

图 6.5 彩图

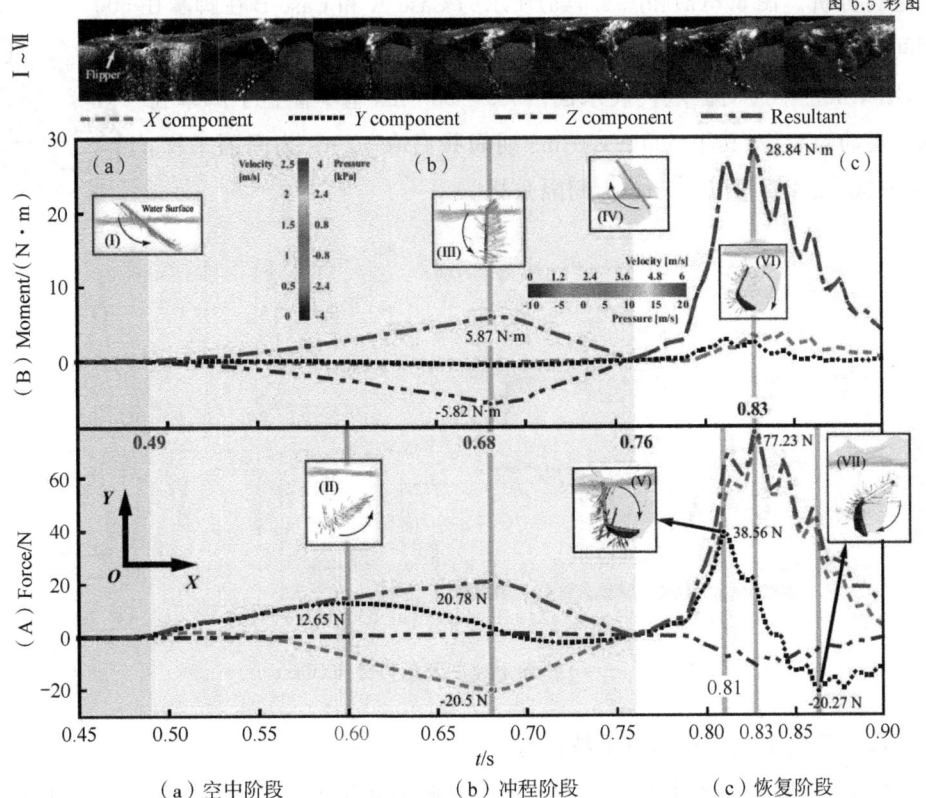

图 6.5 鸬鹚起飞前游泳过程中,脚蹼在 3 个时间段运动的(A)力和(B)力矩的三轴力和合力描述

图 6.5(b)所示为全脚掌受流体作用力矩的时间历程,图中 4 条曲线分别代表流体作用力矩的 3 个方向分量及作用力的合力矩大小,力矩参考点为原点。从图中可见脚掌受流体的作用力矩主要有以下特征:

(1) 在入水前阶段,脚掌受到的力矩与入水后的阶段相比可以忽略。

(2) 总力矩主要受力矩的 $+z$ 方向分量主导,$+x$ 和 $+y$ 方向分量影响较小。

(3) 入水后,$+z$ 方向流体作用力矩在 640~680 ms 达到后拨阶段的最大值,后拨阶段力矩作用效果为使鸟向后翻。$+z$ 方向流体作用力矩在 830~850 ms 达到恢复阶段的最大值,恢复阶段力矩作用效果为使鸟向前翻。$+z$ 方向流体作用力矩达到最大值时间与受力的最大值时间一致。

6.3.2 脚掌流固耦合运动速度与压力分布

为分析脚掌踩水形成的流场,取脚掌的中心剖面上的速度场分布作为特征流场进行分析。图 6.6(a)和图 6.7(a)所示为 Case A 和 Case B 在脚掌在 500~900 ms 期间的速度场、压力场及水相的分布。显示了 $z=0$ 平面上的速度场分布,图中灰色半透明区域代表水面。500~900 ms 基本涵盖了脚掌在水中运动的阶段,其中 500~700 ms 期间我们取 50 ms 为间隔采样,700~900 ms 期间以 20 ms 为间隔采样。

图 6.6 彩图

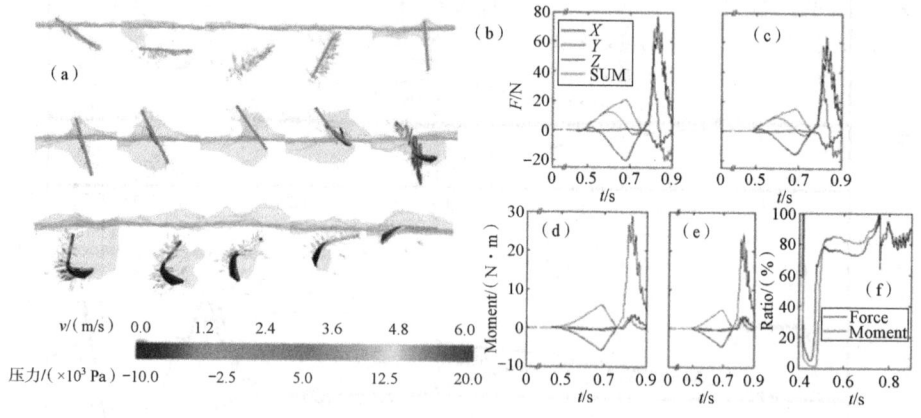

图 6.6 $z=0$ 平面上速度及压力分布(Case A)

水中阶段水相分布的主要特征有:

Case A:脚掌在水中两个阶段入水的时候都会往水中带入空气团,空气团随着脚掌划动在水中缩小(浮出水面)。脚掌在水中运动到最低位置时,脚掌完全浸没

|第 6 章| 仿生骨骼蒙皮的流固耦合作用机理分析

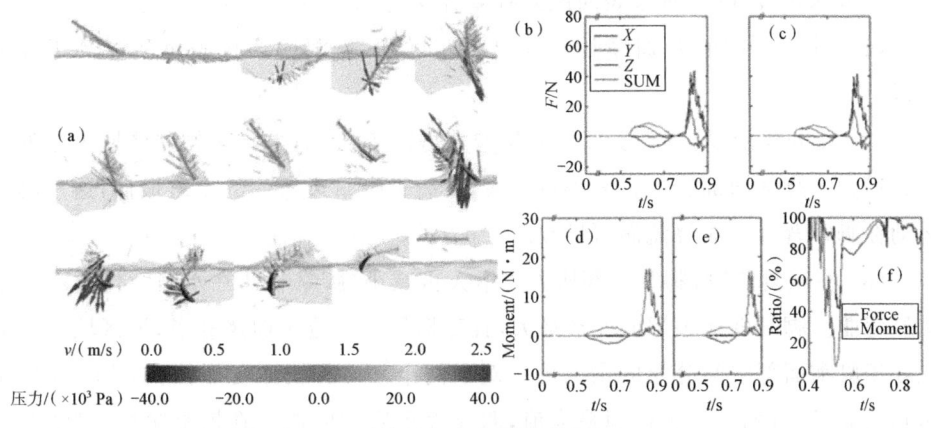

图 6.7　$z=0$ 平面上速度及压力分布（Case B）

在水中。脚掌出水的时候，由于没有完全离开水面，脚掌迎风面带出较多水。在恢复阶段出水时，水通过脚面，从脚趾端流到脚跟端。

Case B：由于 Case B 的水位较低，脚掌在水中运动到最低位置时，软体区域完全浸没在水中，硬体区域部分还处于空气中。脚掌在后拨阶段时，脚掌的前侧几乎全是空气；脚掌在恢复阶段时，脚掌的后侧几乎全是空气；意味着由于脚掌划水比 Case A 浅，水来不及补充脚掌背风侧空间，脚掌无法把空气团完全带进水中，而形成与大气相连的"空气槽"。在两个阶段的出水时刻，由于脚掌完全离开水面，脚掌迎风面带出的水量比 Case A 少。在恢复阶段出水时，水依然会从通过脚面从脚趾端流到脚跟端，不过水流的厚度比 Case A 小。

图 6.7 彩图

水中各阶段速度场的主要特征有：

（1）到了水中阶段，脚掌运动速度逐步增加，恢复阶段的速度明显高于冲程阶段。

（2）在任何时刻，Case A 与 Case B 中脚掌硬体区域的运动速度都是一致的。不过通过流场对比，可以发现 Case B 中脚掌附近的速度场常常高于 Case A 中脚掌附近的速度场。这是由于 Case B 中脚掌位置离水面更近，脚掌附近的空气比例较大，尤其在背风侧会形成"空气槽"；而 Case A 中脚掌更多地被水包围。在相同的脚掌运动作用下，空气比水更容易流动，因此 Case B 中脚掌周围空气形成的流动速度更高。

图 6.6、图 6.7 中皆为表压力，大气中静止空气的压力为 0 Pa。由于脚掌基本呈现钝体运动的特征，因此脚掌的流体阻力以形位阻力为主，摩擦阻力可以忽略，意味着脚掌前后表面的压力差即可反映脚掌的运动阻力。

从入水阶段开始,脚掌表面压力有显著变化,主要特点有:

(1) 到了水中阶段,脚掌运动速度逐步增加,恢复阶段的速度明显高于冲程阶段。

(2) 在冲程阶段,脚掌底部压力先增大再减小,且前半脚掌软体区域中心处的压力最大。脚掌面部压力先减小再增大,且后半脚掌边缘处的压力最低,这是脚掌运动在脚掌背部形成绕流涡所导致的。

(3) 在恢复阶段,脚掌面部压力先增大再减小,脚掌软体在水阻力作用下发生明显弯曲。脚掌软体根部的变形最大,且变形最大区位于迎风驻点,该区域的压力也处于脚掌面部空间分布的最大处。对于两个 cases,软体变形都在 820 ms 作用达到最大,该时刻压力也达到最大值,明显大于后拨阶段。在恢复阶段,脚掌背部压力先减小再增大,且后半脚掌边缘处的压力最低。

(4) 无论在恢复阶段还是后拨阶段,Case B 的迎风面压力明显小于 Case A,Case B 的背风压力明显大于 Case A。意味着 Case B 所受到的流体阻力也明显小于 Case A。造成该结果的主要原因是,第一,Case B 接触水的面积以及需要排开水的体积均小于 Case A,因此 Case A 迎风面压力高于 Case B;第二,Case B 中,脚掌背风面形成"空气槽",脚掌背面与大气直接相连,造成背风面压力更接近大气压力,而 Case A 中脚掌背风面被水包围或形成较小的空气团,在水流的作用下压力明显更低,因此 Case A 背风面压力低于 Case B。

(5) 在恢复阶段,Case B 的脚掌软体变形小于 Case A。

6.3.3 脚掌流固耦合动力学分析

在 Case B 的冲程阶段后期、恢复阶段的前期及后期,虽然脚掌位置已高于水面,但由于此时脚掌从水中会带出较多的水,脚掌受力依然受到水的较大影响,所以在本分析中划分到水中阶段。

为了对 Case A 和 Case B 做更好定量化比较,对图 6.6(b)、(d)和图 6.7(b)、(d)中的数据作积分和平均处理,结果列在了表 6.2 中。注意到 $+x$ 方向指向脚掌后方,因此 $+x$ 方向作用力或冲量代表着阻碍鸬鹚脚掌向前运动的作用。表中的冲量和冲量矩体现了流体作用力和力矩的时间累计效应。根据动量定理和动量矩定理:动量的变化值=总冲量,动量矩的变化值=总冲量矩。鸬鹚所受的总受力和力矩全部来自流体作用和鸬鹚的自重作用。根据表 6.2 的数据可以预测鸬鹚的动量变化和动量矩变化:

(1) 与受力分析的结论一样,空中阶段的流体作用力及力矩都很小,可以忽略。

(2) 对于入水后的阶段,先看+x 方向冲量,这个值将影响鸟的水平方向运动状态。显然,在冲程阶段,+x 方向冲量向前;在恢复阶段,+x 方向冲量向后。两个工况中,恢复阶段的+x 方向冲量绝对值大于冲程阶段,约为 2 倍,可见恢复阶段所受到的阻碍作用更大。无论在 Case A 还是 B 中,全时段的+x 方向冲量为正值,意味着这系列动作的总效果是使虚拟鸟向前运动的动量减小,鸬鹚无法通过流体作用力获得向前的净动力。主要原因可能有:①真正的鸟在脚掌恢复阶段时,脚掌可能比连杆机构所设计的动作抬得更高;②真正的鸟脚掌在恢复时,除了脚趾在前后方向有弯曲,在左右方向也会有并拢,以获得更小的迎风面积,减少阻力,而本连杆机构实现不了这一点。

(3) +y 方向冲量,在入水后的两个阶段都为正值,意味着流体作用力可以为虚拟鸟在两个阶段带来抬举的作用效果,以抵抗重力作用。其中后拨阶段的+y 方向冲量大于恢复阶段的+y 方向冲量。

(4) +z 方向冲量矩。若假设重心与虚拟鸟髋关节处于同一竖直线,则在后拨阶段,+z 方向冲量矩使鸬鹚后翻;在恢复阶段,+z 方向冲量矩使虚拟鸟前翻。由于恢复阶段的+z 方向冲量矩绝对值更大,因此全时段的+z 方向冲量矩有使虚拟鸟前翻的作用效果。

(5) 恢复阶段的时间比冲程阶段短,恢复阶段+x 方向平均受力可达冲程阶段的 4 倍。

(6) +y 方向平均受力对于 Case A 和 Case B 分布为 1.9 N 和 0.98 N,只要鸬鹚重量大于这个数,在水中就不会下沉(不扑翅的情况下)。

(7) 如表 6.2 所示,除了恢复阶段+y 方向的受力,在其他的受力和力矩比较中,Case A 都为 Case B 的两倍左右。意味着脚掌踩深水的受力比踩浅水的受力大。

表 6.2 两个工况中全脚掌所受的冲量、冲量矩、平均力及平均力矩比较

类别	时间段	I_x/(N·s)	I_y/(N·s)	IM_x/(N·m·s)	F_x/N	F_y/N	M_z/N·m
Case A	空中	−0.004	−0.000 6	−0.000 9	—	—	—
	冲程	−2.053	1.556	−0.714	−7.06	5.35	−2.45
	恢复	4.035	0.159	1.709	30.9	1.22	13.1
	全时段	1.976	1.714	0.994	2.196	1.904	1.104

续表

类别	时间段	I_x/(N·s)	I_y/(N·s)	IM_x/(N·m·s)	F_x/N	F_y/N	M_z/N·m
Case B	空中	0.000 3	0.003	-0.000 3	—	—	—
	冲程	-0.755	0.667	-0.272	-3.26	2.87	-1.17
	恢复	1.828	0.211	0.796	14.0	1.62	6.10
	全时段	1.072	0.880	0.524	1.191	0.978	0.582
Case A/Case B 倍数	冲程	2.72	2.33	2.62	2.16	1.86	2.09
	恢复	2.21	0.75	2.15	2.21	0.75	2.15
	全时段	1.84	1.95	1.90	1.84	1.95	1.90

为研究脚蹼的受力，图6.6(c)、(e)和图6.7(c)、(e)所示为软体部分的受流体作用力和力矩的情况，可见其定性变化趋势与全脚掌一致。为量化体现脚蹼的受力和力矩占全脚掌的比例，图6.6(f)和图6.7(f)显示了入水后软体受流体作用力和力矩占全脚掌的比例随时间变化的曲线。可见对于Case A软体在水下阶段受力占比70%以上，所受力矩占比80%以上；对于Case B，软体在水下阶段受力和力矩占比比Case A更高，几乎都达80%以上。主要原因是在Case B中，软体比硬体接触水的机会更多。

与陆地运动相比，水中浮力和不稳定的水动力会导致动物姿态受到影响，导致翻倒或被冲走，水阻力会阻止它快速移动。前边根据已有的鸬鹚水面起飞的实验观测数据，总结出起动过程中鸬鹚脚掌的变形规律，用三维可变形板来模拟柔性的脚蹼，实时生成贴体网格。鉴于整个耦合过程的复杂性，本节采用数值求解器，将流体力学与有限元、结构力学与EMT相结合，对鸬鹚起飞过程中脚蹼踩水推进过程中的FSI-CFD进行了数值求解。该求解器还可用于求解软体动物的流体力学问题，为准确描述软材料的力学特性开辟了前景。

6.4 脚掌波动推进模型

6.4.1 脚掌波动运动描述

被动响应在主动游泳问题中的作用值得进一步讨论，除此之外，我们可以实现生物活跃的肌肉控制的柔性仿生鳍等效的表面变形和增强推进效果,并进行数值求解。在实验观测中我们发现鸬鹚脚蹼除了有高速拍动的运动过程,还有低速波动这种运动形式,如图6.8所示。当鸬鹚头部进入水中觅食时,会通过脚蹼的波动推进进行位置和姿态的调整。实验中还观察到鸬鹚脚蹼在水中还有一种波动的运动推进形态,具体表现为在水中游动时动作幅度不大,靠推动水质流体带来的波纹提供前进的动力,前边章节提到过类似的产生推力的现象。鸬鹚在低速波动中可以根据对周围环境的探测由神经控制腿部和脚蹼肌肉收缩产生主动变形,除了脚蹼的形态、姿势、行为和水流环境等因素也会显著影响鸬鹚所经历的水动力。为了更好地描述这种运动,需要对脚掌做一些假设,如图6.9所示。

图6.8 彩图

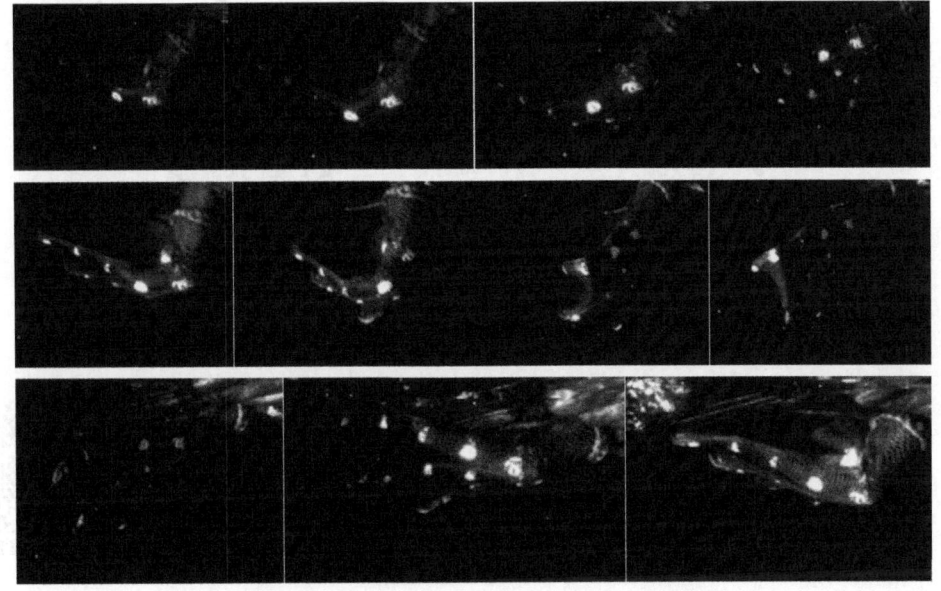

图6.8 鸬鹚脚蹼在波动划水运动时运动姿态

(1) 髋、膝、踝、第二脚趾都在一个平面上〔P_{hip}、P_{kne}、P_{ank}、P_{t21}、P_{t22}、P_{t23}共面于腿平面上,其法向量为Z_{leg},指向内侧(左侧)〕。其中腿相对坐标系以为P_{hip}原点,Y_{leg}轴与大腿骨共线,X_{leg}与Y_{leg}轴构成腿平面。

(2) 脚掌踝关节及每根脚趾第一个关节都在一个平面上(P_{ank}、P_{t11}、P_{t21}、P_{t31}、P_{t41}共面于脚掌平面上,其法向量为E_{foo},指向掌底外侧),且该平面与腿平面垂直($E_{foo} \perp E_{leg}$)。

(3) 每根脚趾与脚踝关节都分别在一个平面上(P_{ank}、P_{t11}、P_{t12}、P_{t13}、P_{t14}共面于第一脚趾平面上,其法向量为E_{toe1},指向内侧(左侧);P_{ank}、P_{t31}、P_{t32}共面于第

三脚趾平面上,其法向量为 E_{toe3},指向内侧(左侧),且脚趾平面与脚掌平面垂直 ($E_{foo} \perp E_{toe1}$, $E_{foo} \perp E_{toe3}$)。

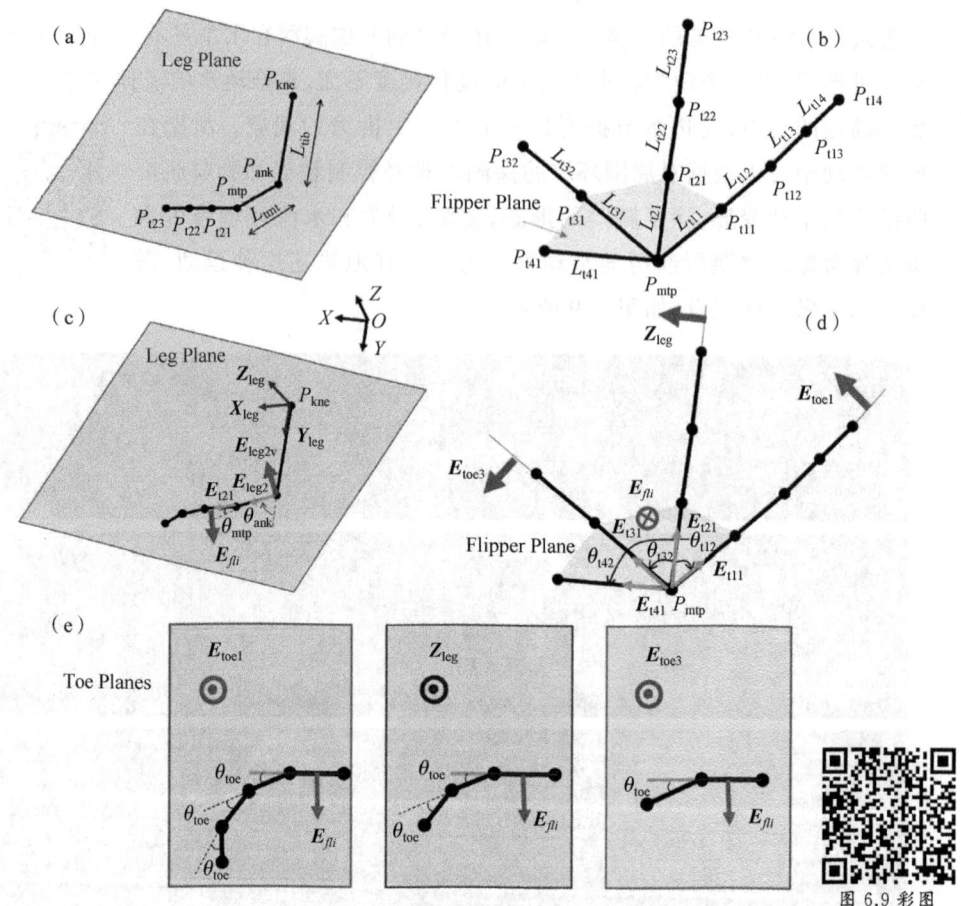

图 6.9　脚蹼波动运动中形态学上的主要变量和运动假设

(a)、(b)分别在腿平面、脚蹼平面(脚背视图)和各种脚趾平面上的数字化关节

(c)、(d)、(e)相关派生数学变量,P 为坐标位置;l 为长度;E 为欧几里得矢量

(4) 脚趾平面间的角度等比例变化,若放松站立状态下脚趾间初始角度分别为 $\theta_{t12,0}$(负数)、$\theta_{t32,0}$(正数)、$\theta_{t42,0}$(正数),则设趾间收窄因子:

$$\eta_{toe} = \frac{\theta_{t12}}{\theta_{t12,0}} = \frac{\theta_{t32}}{\theta_{t32,0}} = \frac{\theta_{t42}}{\theta_{t42,0}} \tag{6.1}$$

θ_{t12}、θ_{t32}、θ_{t42} 为脚趾间的当前角度;$\theta_{t12,0}$、$\theta_{t32,0}$、$\theta_{t42,0}$ 为脚趾间在放松站立状态下的初始角度。

(5) 脚趾骨头间变化角度相等,皆为脚趾弯曲角 θ_{toe}。

则有,当骨头长度与脚趾间初始角度 $\theta_{t12,0}$、$\theta_{t23,0}$、$\theta_{t34,0}$ 都已知时,只要确定任意瞬间的以下所有参数,则鸬鹚脚掌任意瞬间的位置状态可确定:

腿相对坐标系 $P_{hip}XYZ_{leg}$,包括原点髋关节位置 $P_{hip}(x_{hip},y_{hip},z_{hip})$ 以及 XYZ_{leg} 相对于世界坐标系 XYZ 的旋转向量。$\alpha_{leg}(\alpha_x,\alpha_y,\alpha_z)$ 在本书中采用轴角表述旋转,其物理意义为绕单位向量 $(a_x,a_y,a_z)/\sqrt{a_x^2+a_y^2+a_z^2}$ 轴旋转了 $\sqrt{a_x^2+a_y^2+a_z^2}$ 的角度。与四元数相比,轴角的表述方式可以用最少的 3 个标量来确定旋转(四元数需要 4 个标量)。与欧拉角相比,轴角可以唯一确定一个最短路径的旋转(欧拉角无法定义最短路径旋转)。该模型把鸬鹚脚掌的位置状态简化为用 10 个状态参数来描述:

$$\xi=[x_{hip},y_{hip},z_{hip},\alpha_x,\alpha_y,\alpha_z,\theta_{kne},\theta_{ank},\theta_{toe},\eta_{toe}] \quad (6.2)$$

式中,θ_{kne} 为膝盖角,θ_{ank} 为脚踝角,η_{toe} 为趾间收窄因子,θ_{toe} 为脚趾弯曲角。α_x、α_y、α_z 表示在 X、Y、Z 这 3 轴方向上的旋转角度。这 10 个状态参数含一个三维相对坐标系和 4 个标量,可确定以下状态:

(1) 腿相对坐标系相对于世界坐标的旋转矩阵

$$\boldsymbol{R}_{leg}(\alpha_{leg})=[X_{leg} \quad Y_{leg} \quad Z_{leg}]=\exp\begin{pmatrix}\begin{bmatrix}0 & -\alpha_z & \alpha_y \\ \alpha_z & 0 & -\alpha_x \\ -\alpha_y & \alpha_x & 0\end{bmatrix}\end{pmatrix}$$

$$=\begin{bmatrix}\cos\alpha+w_x^2(1-\cos\alpha) & w_xw_y(1-\cos\alpha)-w_z\sin\alpha & w_xw_z(1-\cos\alpha)+w_y\sin\alpha \\ w_yw_x(1-\cos\alpha)+w_z\sin\alpha & \cos\alpha+w_y^2(1-\cos\alpha) & w_yw_z(1-\cos\alpha)-w_x\sin\alpha \\ w_zw_x(1-\cos\alpha)-w_y\sin\alpha & w_zw_y(1-\cos\alpha)+w_x\sin\alpha & \cos\alpha+w_z^2(1-\cos\alpha)\end{bmatrix}$$

$$(6.3)$$

此时 Y_{leg} 为骨头 B_1 的单位方向向量;α_x、α_y、α_z 为轴角参数,单位为弧度;α 为实际的旋转角度;w_x、w_y、w_z 为旋转轴单位向量的分量。

(2) 各骨头的单位方向向量

B_2 的单位方向向量为

$$\boldsymbol{E}_{leg2}=\boldsymbol{X}_{leg}\sin q_{kne}+\boldsymbol{Y}_{leg}\cos q_{kne} \quad (6.4)$$

式中,q_{kne} 表示腿平面内大腿骨 B_2 的倾斜角,单位为弧度。

B_2 在腿平面中的垂直方向向量为

$$\boldsymbol{E}_{leg2v}=X_{leg}\cos\theta_{kne}-Y_{leg}\sin\theta_{kne} \quad (6.5)$$

式中,θ_{kne} 为腿平面内大腿骨 B_2 的垂直投影角。

B_7 的单位方向向量为

$$E_{t21} = E_{leg2v} \sin \theta_{ank} + E_{leg2} \cos \theta_{ank} \tag{6.6}$$

式中，θ_{ank} 为脚踝角；E_{leg2v} 为大腿骨 B_2 在腿平面内的垂直方向向量；E_{leg2} 为大腿骨 B_2 的单位方向向量。

脚掌平面单位法向量为

$$E_{foo} = -E_{leg2v} \cos \theta_{ank} + E_{leg2} \sin \theta_{ank} \tag{6.7}$$

各脚趾的单位方向向量为

$$E_{ti1} = E_{t21} \cos \theta_{ti2} + Z_{leg} \sin \theta_{ti2}, \quad i = 1, 3, 4 \tag{6.8}$$

$$E_{tij} = E_{ti1} \cos((j-1)\theta_{toe}) + E_{foo} \sin((j-1)\theta_{toe}), \quad j \geq 2 \tag{6.9}$$

式中，E_{ti1} 为第 i 根脚趾第一节的单位方向向量；E_{t21} 为小腿骨 B_7 的方向向量；θ_{ti2} 第 i 根脚趾的弯曲角，单位为弧度；Z_{leg} 是腿平面的法向量，指向内侧（左侧）；θ_{ti2} 为第 i 根脚趾与第二脚趾之间的初始夹角，单位为弧度，脚趾编号 $i = 1, 3, 4$ 对应第一、第三、第四脚趾；E_{tij} 是第 i 根脚趾第 j 节的单位方向向量($j \geq 2 j \geq 2$)；θ_{toe} 是脚趾弯曲角，单位为弧度；E_{foo} 是脚掌平面的法向量，指向掌底外侧。

(3) 各关节点的坐标

膝关节坐标为

$$P_{kne} = P_{hip} + L_{leg1} Y_{leg} \tag{6.10}$$

式中，P_{hip} 表示髋关节的三维坐标；L_{leg1} 是大腿骨 B_1 的长度，单位是 m；Y_{leg} 是腿相对坐标系的 Y 轴单位向量，与大腿骨共线。

踝关节坐标为

$$P_{ank} = P_{kne} + L_{leg2} E_{leg2} \tag{6.11}$$

式中，L_{leg2} 是小腿骨 B_2 的长度；E_{leg2} 是小腿骨 B_2 的方向向量。

各脚趾关节坐标为

$$P_{ti1} = P_{ank} + L_{ti1} E_{ti1}, \quad i = 1, 2, 3, 4 \tag{6.12}$$

$$P_{tij} = P_{ti(j-1)} + L_{tij} E_{tij}, \quad j \geq 2 \tag{6.13}$$

式中，P_{ti1} 为第 i 根脚趾第一节根部的三维坐标($i = 1, 2, 3, 4$)；P_{ank} 为踝关节的三维坐标；L_{ti1} 为第 i 根脚趾第一节的长度；E_{ti1} 为第 i 根脚趾第一节的单位方向向量。P_{tij} 为第 i 根脚趾第 j 节的末端坐标(如 P_{i2} 为第二节末端)；$P_{ti(j-1)}$ 为第 i 根脚趾第 $j-1$ 节末端的坐标(前一节的末端点)；L_{tij} 为第 i 根脚趾第 j 节的长度；E_{tij} 为第 i 根脚趾第 j 节的单位方向向量。

(4) 各骨头旋转表述

为简化表述，下面采用相对母骨头坐标旋转的表述方式。为表述方便，旋转表述同时采用四元数和轴角两种表述方式。其中轴角表述为 $[w, (a, b, c)]$，其中 w

为旋转角，(a,b,c) 为旋转轴单位向量。同时采用 $Q(w,(a,b,c))$ 表述轴角对应的四元数：

$$Q(w,(a,b,c)) = \cos\left(\frac{w}{2}\right) + ia\sin\left(\frac{w}{2}\right) + jb\sin\left(\frac{w}{2}\right) + kc\sin\left(\frac{w}{2}\right) \quad (6.14)$$

式中，i、j、k 是四元数的虚数单位。

B_1 的旋转四元数：$Q\left(\sqrt{\alpha_x^2+\alpha_y^2+\alpha_z^2},\dfrac{(\alpha_x,\alpha_y,\alpha_z)}{\sqrt{\alpha_x^2+\alpha_y^2+\alpha_z^2}}\right)$

表 6.3 各骨头旋转代号和内容

代号	内容	代号	内容
B_2	$Q(\theta_{\text{kne}},(0,0,-1))$	B_7	$Q(\theta_{\text{ank}}(0,0,-1))$
B_3	$Q(\theta_{\text{kne}},(0,0,-1)) \cdot Q(\eta_{\text{toe}}\theta_{t12,0},(0,-1,0))$	B_{10}	$Q(\theta_{\text{kne}},(0,0,-1)) \cdot Q(\eta_{\text{toe}}\theta_{t32,0},(0,-1,0))$
B_{12}	$Q(\theta_{\text{kne}},(0,0,-1)) \cdot Q(\eta_{\text{toe}}\theta_{t42,0},(0,-1,0))$		

其他脚趾骨的相对旋转四元数：$Q(\theta_{\text{toe}},(0,0,1))$，基于相对旋转四元数，每块骨头的绝对旋转四元数可以通过（母骨头四元数×子骨头四元数）的链式规则来获得，如 B_5 的绝对旋转四元数为

$$Q\left(\sqrt{\alpha_x^2+\alpha_y^2+\alpha_z^2},\frac{(\alpha_x,\alpha_y,\alpha_z)}{\sqrt{\alpha_x^2+\alpha_y^2+\alpha_z^2}}\right) \cdot Q(\theta_{\text{kne}},(0,0,-1)) \cdot Q(\theta_{\text{ank}},(0,0,-1))$$
$$\cdot Q(\eta_{\text{toe}}\theta_{t12,0},(0,-1,0)) \cdot Q(\theta_{\text{toe}},(0,0,1)) \cdot Q(\theta_{\text{toe}},(0,0,1)) \quad (6.15)$$

式中，α_x、α_y、α_z 为轴角参数，描述旋转轴的方向和总旋转角度；θ_{toe} 为脚趾的弯曲角度；η_{toe} 为脚趾间角度的缩放因子，无量纲；θ_{ank} 为踝关节的弯曲角度；θ_{kne} 为腿平面内大腿骨 B_2 的垂直投影角；$\theta_{t12,0}$ 为脚趾1与脚趾2在放松状态下的初始夹角。

可见，利用上文定义的10个简化参数，可以把根节点髋关节的位移向量 P_{hip} $(x_{\text{hip}},y_{\text{hip}},z_{\text{hip}})$，以及每块骨头的绝对旋转表达出来，起到完整描述鸬鹚脚掌运动状态的作用。

6.4.2 脚掌波动运动拟合

实验中可获得 $V_1 \sim V_{10}$ 一共10个关节点的实测位置数据。首先需要对实验数据进行初步处理，对实验数据作一个变换：高度方向为 z 方向，$z=0$ 平面与水平面平齐；$+x$ 指向髋—头矢量方向。为实现鸬鹚脚掌的运动描述与实验数据的拟

合,需要采用优化方法,求出 $\xi(t)$ 的拟合表达式,以实现目标函数最低。因本章中有多个拟合目标,本章将采用 Minimax 方法来实现多目标的优化方法,方法的表达形式为

$$\min_{\xi}\max_{i,j} F_i(\xi(t_j)) \tag{6.16}$$

式中,i 为每个时间点的目标数据序号,j 为数据点时间序号,可见目标函数数量为 $i \times j$;ξ 为优化变量,表示描述脚掌运动轨迹的参数集合。

应用该方法时,遇到两个主要问题是,$\xi(t)$ 该是什么形式?应把哪些目标列为目标函数 $F_i(\xi(t_j))$?本书最终目标是实现流体力学计算,因此鸬鹚脚掌运动轨迹需要非常平滑。鸬鹚脚掌自身的物理运动也应该具有连续平滑的性质。可以用十次函数来描述 $\xi(t)$ 随时间的平滑变化:

$$\xi(t) = \sum_{m=0}^{10} \xi_m t^m \tag{6.17}$$

$\xi(t)$ 为脚掌运动轨迹的时间函数,用十次多项式描述,确保轨迹平滑。ξ_m 为多项式的系数($m=0,1,\cdots,10$),是优化问题的待求参数。

目标函数:

$$F_i(\xi(t_j)) = \begin{cases} L_i^2 [\boldsymbol{E}_{B_i}(\xi(t_j)) - \boldsymbol{E}_{B_i,\text{data}}(t_j)]^2, & i=1-3 \\ [P_{V_i}(\xi(t_j)) - P_{V_i,\text{data}}(t_j)]^2, & i=4-10 \end{cases} \tag{6.18}$$

式中,$\boldsymbol{E}_{B_i}(\xi(t_j))$ 为模型预测的骨头方向(如髋、膝、踝关节的方向向量);$\boldsymbol{E}_{B,\text{data}}(t_j)$ 为实测的骨头方向数据;$P_{V_i}(\xi(t_j))$ 为模型预测的关节点位置(如脚趾各节的坐标);$P_{V_i,\text{data}}(t_j)$ 为实测的关节点位置数据。L_i^2 是权重因子,用于放大方向误差的重要性(因方向数据精度较低,需增强其优化权重)。

由于实测数据中 $V_4 \sim V_{10}$ 更准确,因此采用关节点位置的最小二乘作为 $V_4 \sim V_{10}$ 的目标函数。由于髋、膝盖和踝关节实测精度相对较低,但其对于骨头方向比其关节点位置更有参照意义。因此采用 $B_1 \sim B_3$ 骨头方向的最小二乘作为另外三组目标函数。因此本拟合优化问题的最终表达形式为

$$\min_{\xi_m}\max_{i,j} F_i(\xi(t_j)) = \begin{cases} L_i^2 \left[\boldsymbol{E}_{B_i}\left(\sum_{m=0}^{10} \xi_m t_j^m\right) - \boldsymbol{E}_{B_i,\text{data}}(t_j)\right]^2, & i=1-3 \\ \left[P_{V_i}\left(\sum_{m=0}^{10} \xi_m t_j^m\right) - P_{V_i,\text{data}}(t_j)\right]^2, & i=4-10 \end{cases}$$

$$\tag{6.19}$$

限制条件为 $\theta_{\text{kne}} > 0, \eta_{\text{toe}} > 0.2$。拟合结果如图 6.10 所示。

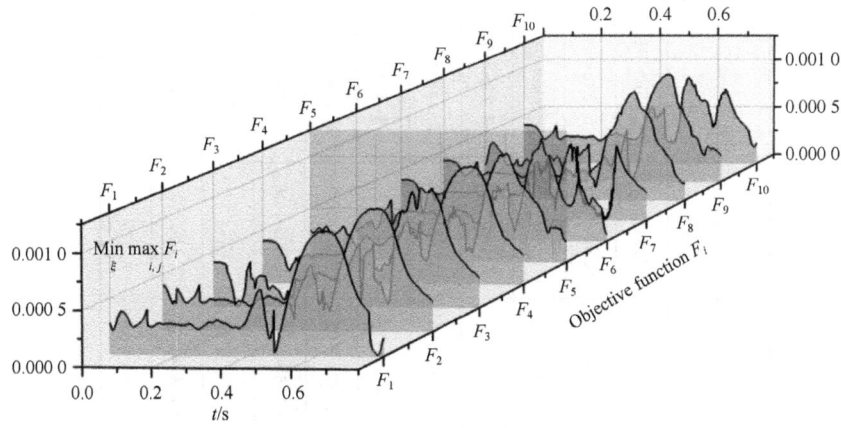

图 6.10 基于 minimax 算法得到的最小运动偏差结果

其中拟合参数 ξ_m 一共含有 11×10 个标量。其中 $\xi(t)$ 中各个元素变化如表 6.4 所示,根据方程(6.19)计算得到骨架位置,如图 6.11 所示。可以看到优化后的脚蹼运动(黑色实线)和给定时间观察到的关节位置(红色点),浅绿色阴影组定量显示各关节优化结果相对于观测值的偏差效应,与图 6.10 对应。结果显示拟合偏差非常小,优化后的运动能够反映脚蹼的真实运动,可以用于大规模的重叠/变形动态混合网格水动力计算分析。

图 6.11 彩图

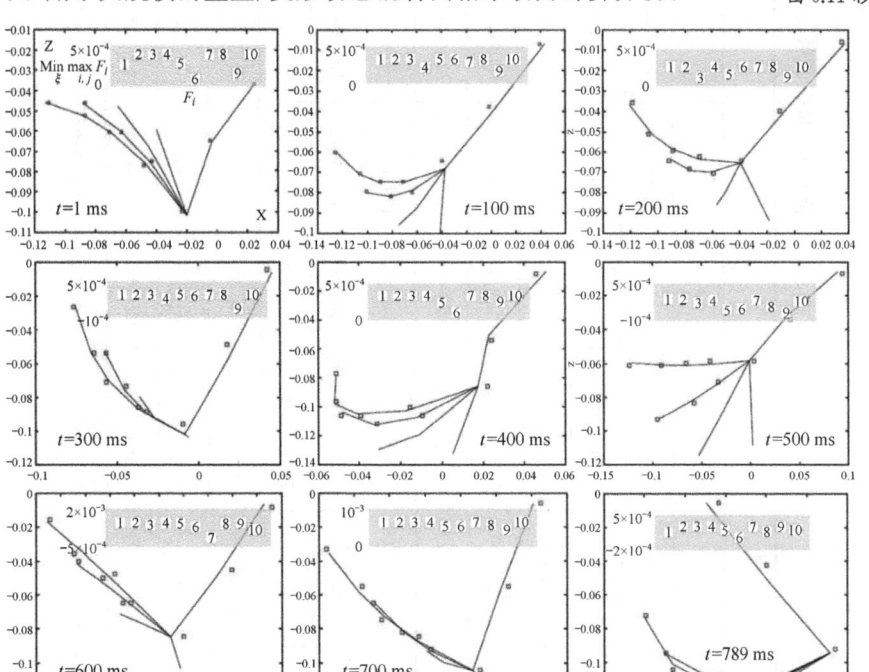

图 6.11 基于 minimax 的骨架生成结果与原始关节位置比较

表 6.4 状态函数 ζ 十阶表达式系数（ζ_m）

j	1	2	3	4	5	6	7	8	9	10
1	2.41e−02	−2.76e−02	−3.78e−02	−7.73e−01	9.76e−01	1.96e−01	2.12e−01	−1.69e+00	−2.51e−01	2.16e−01
2	9.99e−01	1.91e+00	1.15e+00	1.61e+00	−1.63e+01	1.65e+01	6.21e+01	3.12e+01	5.83e+01	−5.22e+00
3	2.08e+00	−4.73e+01	−1.62e+01	−4.05e+02	3.87e+02	−5.30e+02	−2.30e+03	−2.43e+03	−1.78e+03	2.30e+02
4	−3.55e+02	5.17e+02	1.13e+02	6.81e+03	−6.78e+03	5.45e+03	3.25e+04	−2.07e+04	2.46e+04	−3.29e+03
5	4.35e+03	−3.42e+03	−4.07e+02	−4.91e+04	6.25e+04	−2.63e+04	−2.39e+05	2.03e+04	−1.87e+05	2.75e+04
6	−2.46e+04	1.48e+04	6.59e+02	1.94e+05	−3.45e+05	6.30e+04	1.03e+06	−1.77e+05	8.44e+05	−1.41e+05
7	7.85e+04	−4.16e+04	2.15e+02	−4.63e+05	1.15e+06	−6.06e+04	−2.72e+06	7.34e+05	−2.35e+06	4.42e+05
8	−1.49e+05	7.49e+04	−2.76e+03	6.86e+05	−2.34e+06	−3.65e+04	4.47e+06	−1.68e+06	4.07e+06	−8.48e+05
9	1.67e+05	−8.25e+04	4.70e+03	−6.17e+05	2.80e+06	1.41e+05	−4.47e+06	2.18e+06	−4.27e+06	9.68e+05
10	−1.02e+05	5.04e+04	−3.53e+03	3.08e+05	−1.82e+06	−1.23e+05	2.48e+06	−1.49e+06	2.48e+06	−6.03e+05
11	2.62e+04	−1.31e+04	1.03e+03	−6.53e+04	4.93e+05	3.73e+04	−5.85e+05	4.19e+05	−6.13e+05	1.58e+05

ζ 数组中包含 $i=10$ 个状态参量，其中每个参量都由十阶函数描述，包含 $j=11$ 个函数系数。

6.4.3 三维表面网格的骨骼权重分布

由于鸱鹟脚掌运动状态难以获得网格数据，基于站立状态的鸱鹟脚掌三维网格模型，以及对应的 13 个关节点位置，如图 6.12(a)所示。采用 minimax 优化算法：

$$\min_{\xi_{\text{stand}}}\max_{i} F_i(\xi_{\text{stand}}) = [P_{V_i}(\xi_{\text{stand}}) - P_{V_i,\text{data}}]^2, \quad i = 1-10 \quad (6.20)$$

式中，ξ_{stand} 为站立状态下脚掌的参数集合，包括关节角度、骨头长度等，用于描述三维网格模型的姿态。$P_{V_i}(\xi_{\text{stand}})$ 为模型预测的第 i 个关节点位置(如髋、膝、踝关节或脚趾末端)。$P_{V_i,\text{data}}$ 为实测的第 i 个关节点位置数据(通过实验或扫描获得)。

$$v_i^t = \sum_{j=1}^{|B|} w_{ij}(R_j^t p_i + T_j^t) \quad (6.21)$$

式中，v_i^t 为三维网格模型中第 i 个顶点变形后的最终位置；w_{ij} 为顶点 i 受第 j 块骨头影响的权重(取值范围[0,1]，表示变形依赖程度)；R_j^t 为第 j 块骨头的旋转矩阵，描述骨头绕关节的旋转；T_j^t 为第 j 块骨头的平移向量，描述骨头的位置偏移。p_i 为顶点 i 在原始模型(未变形时)的初始位置。$|B|$ 为骨头的总数。

其中从关节点位置可获得骨头长度如表 6.5 所示，表 6.6 所示为初始脚趾间角度。

表 6.5 骨头长度

i	1	2	3	4	5	6	7	8	9	10	11	12
L_{B_i}/cm	5.80	5.25	3.88	2.79	2.24	3.22	3.70	2.71	3.41	4.61	3.25	5.47

表 6.6 初始脚趾间角度

角度	$\theta_{t12,0}$	$\theta_{t32,0}$	$\theta_{t42,0}$
L_{B_i}/cm	−0.502	0.659	1.753

站立态参数 $\xi_{\text{stand}} = [0.158, 0.250, 0.0851, -0.0103, -2.26, 2.19, 0.00305, 1.59, 0.0335, 1]$

蹼面的变化是由骨骼转动和肌肉伸缩的拉扯导致的，为了提高计算质量，首先要实现逼真精确的表面主动变形。我们采用骨骼蒙皮算法对鸱鹟脚蹼的几何特征、行为特征进行驱动，实现高拟真数值计算。骨骼蒙皮模型由三部分组成：骨架、

蒙皮（网格）和骨架与蒙皮之间的绑定。骨架是一系列表示模型几何结构特征的骨骼集合，骨骼蒙皮指体表网格本身，皮肤顶点的位置更新需要根据其与骨骼的相对位置关系、物理和生物学约束等来确定其对于该顶点影响的权重值，通过对影响该顶点的不同骨骼进行加权求和计算就可以求得顶点当前的位置。骨架和网格之间的绑定是通过一系列权重函数以及插值方法实现的。一般而言，物体的复杂运动可以分解为体轴系内的柔性变形和整体的刚性运动。蒙皮算法一般分两步：首先在几何模型上选择一系列控制单元，并计算几何模型受这些控制单元的影响权重；其次拖动控制单元，几何模型随控制单元发生相应变形。第一步中权重计算决定了蒙皮算法的效果，想要几何模型发生自然、高质量的形变，得有一种高效准确的权重计算方法。每个顶点会根据顶点权重图和相应的骨骼关联。根据骨骼在当前位置相对于静止位置的变换矩阵以及此顶点相对于该骨骼的权重，我们可以计算出该顶点在该骨骼影响下的位置。假设 w_{ij} 是第 j 个骨骼对于第 i 个顶点的权重，p_i 是第 i 顶点在静止位置的坐标，$|B|$ 是骨骼的数量，R_j^t 和 T_j^t 分别是第 j 个骨骼在第 t 个位置下的旋转矩阵和位移矩阵。综上所述，v_i^t 在第 t 个姿势下第 i 个顶点的位置可以表述为式(6.21)。

同时注意权重 w_{ij} 是大于等于零，并且所有骨骼对于顶点 i 的权重相加的和是 1。本节采用由多伦多大学 Alec Jacobson 和纽约大学 Daniele Panozzo 开发的 Libigl 开放代码库实现骨骼蒙皮算法。其核心技术为采用 Bounded Biharmonic Weights 法求解骨头权重分布[96]，以及采用双四元数插值（Dual Quaternion Skinning）来实现骨骼蒙皮算法[97]。其中 Bounded Biharmonic Weights 法表达式为

$$\mathop{\mathrm{argmin}}\limits_{W_j, j=1,\cdots,m} \sum_{j=1}^{m} \frac{1}{2} \int_{\Omega} \| \Delta W_j \|^2 \mathrm{d}V \tag{6.22}$$

式中，W_j 为第 j 块骨头对三维网格顶点的权重函数（取值范围[0,1]），表示顶点受该骨头影响的强度；ΔW_j 为权重函数 W_j 的拉普拉斯算子，用于衡量权重分布的曲率（即平滑性）；Ω 为三维网格的计算域（整个模型表面或体积）。

边界条件为

$$W_j |_{B_k} = \delta_{jk} \tag{6.23}$$

B_k 为第 k 块骨头直接控制的区域（如关节附近的顶点集合）。δ_{jk} 为克罗内克 δ 函数。采用该方法获得的骨头权重分布如图 6.12(a)所示。

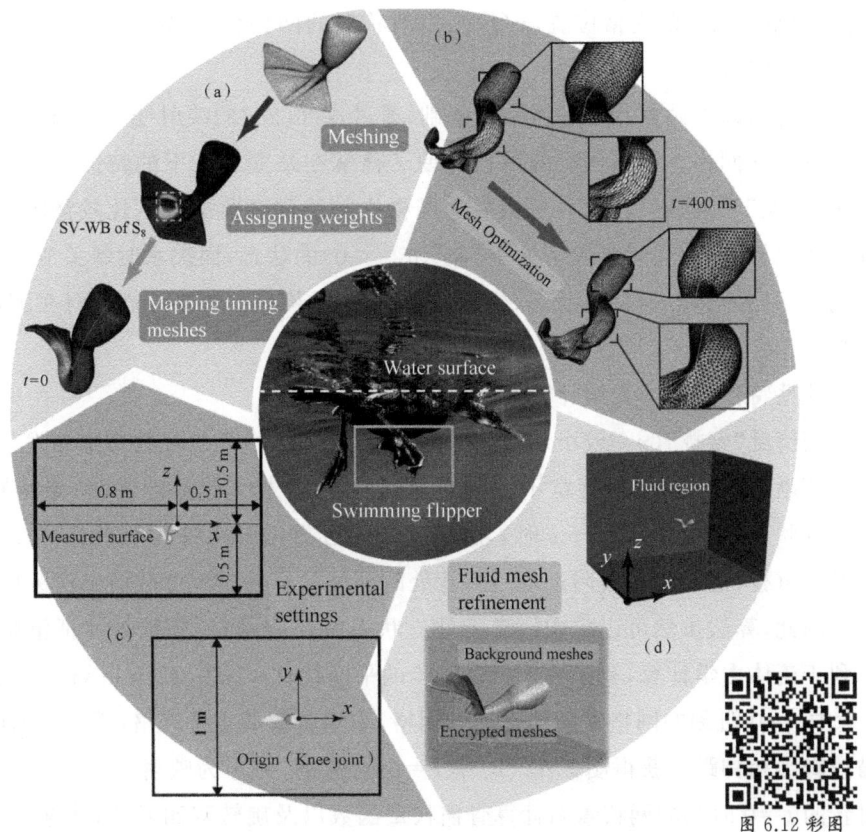

图 6.12 基于骨骼蒙皮的 FSI 高拟真数值计算平台,包含并行重叠/变形混合网格
(a)脚掌从站立姿态到运动状态($t=0$)的网格重构以及骨骼蒙皮设置;(b)优化后的脚掌网格;
(c)流体网格($t=0$,绿色平面为 $x=0$ 与 $z=-0.1$ m 网格剖面);(d)几何模型尺寸示意图($t=0$)

6.4.4 三维表面网格的重构和优化

基于前述每个骨头的绝对旋转的四元数表述和运动状态拟合,我们可以获得鸬鹚脚掌每个骨头在每个运动时刻的旋转四元数及双四元数。再结合网格的骨头权重分布,即可通过双四元数插值,获得每个时刻鸬鹚脚掌三维网格跟随骨头运动的状态。

$$x(t)=\frac{\sum_{i=1}^{m}W_i(x_{\text{stand}})\hat{q}_{B_i,\text{stand}}(t)}{\left\|\sum_{i=1}^{m}W_i(x_{\text{stand}})\hat{q}_{B_i,\text{stand}}(t)\right\|}x_{\text{stand}} \qquad (6.24)$$

式中,$\hat{q}_{B_iB_i,\text{stand}}(t)$ 为每个骨头 B_i 对应的从站立状态旋转至当前状态的双四元数。x_stand 为站立状态的网格位置,$x(t)$ 为当前状态的网格位置,$W_i(x_\text{stand})$ 为骨头 B_i 在 x_stand 处权重。

该算法以中站立状态的网格为基础,通过式(6.24)的映射变换,获得各个时刻的脚掌表面网格。该重构后的网格保留了鸭掌在站立状态下的特征:站立时脚趾处于"分叉"状态(η_toe 较大),重构后的网格中脚趾和脚蹼的区别比较清晰,描述脚蹼的网格较多;站立时踝关节处于"伸"($\theta_\text{kne}<0$)的状态,而拨水时踝关节在大部分时间处于"屈"($\theta_\text{kne}>0$)的状态,变化过大,因此重构后的网格在屈踝时在脚踝处不太自然。

这些特征为流体力学计算带来问题:

当脚趾"聚拢"(η_toe 较小)时(如 $t=0$ 时),脚蹼网格容易过度聚集而发生重叠。可见清晰地区分脚蹼和脚掌不利于建立适合流体力学计算的网格;当脚踝处于"屈"的状态时(如 $t=700$ ms 时),脚踝关节附近靠近脚跟处的网格容易过度聚集而发生重叠,而脚踝关节附近靠近脚背处的网格又容易过度分散而出现棱角。

因此,算法虽然可以重构出忠于站立状态特征的网格,脚趾处特征清晰,但是不利于流体力学计算,有必要进行进一步的平滑优化。采用 shrink wrap 算法对第 5 章中 $t=0$ 时刻的网格重新建立均匀网格,去除脚蹼的重叠网格,用较少的网格来描述脚趾和脚蹼。获得图 6.12(b) 中 $t=0$ 的网格,并作为映射重构的基础网格。对新的 $t=0$ 时刻的网格重新计算骨骼权重函数以及旋转双四元数,并进行映射重构,即

$$x(t)=\frac{\sum_{i=1}^{m}W_i(x_{t=0})\hat{q}_{B_i,t=0}(t)}{\left\|\sum_{i=1}^{m}W_i(x_{t=0})\hat{q}_{B_i,t=0}(t)\right\|}x_{t=0} \quad (6.25)$$

$x_{t=0}$ 为经过 shrink-wrap 优化后的时间 $t=0$ 的新基础网格顶点位置(更均匀,无重叠);$\hat{q}_{B,t=0}(t)$ 表示从优化后的 $t=0$ 状态到时间 t 的双四元数变换,描述骨头 B_i 的运动。

则可以得到中各个时刻的网格。经过处理中的网格不再出现网格过于聚集而发生重叠的现象,在各个时刻点下网格的大小分布也比较均匀。缺点就是脚趾和脚蹼特征不明显,尺寸变化模糊化了。不过这些特征对流体受力的影响不大,脚蹼依然准确按照脚掌骨架的移动而运动变化,最重要的流体力学特征得到了保证,因此该平滑优化的处理是合理的。

6.5 流体力学数值模型

6.5.1 几何模型及数学模型

利用上一节平滑优化后的重构网格作为脚掌的表面网格,则可以在流体力学计算软件中描述任意时刻的脚掌表面动网格状态。采用 Ansys Fluent 进行建模,如图 6.12(c)所示,在红色长方体区域与脚掌表面网格之间建立流体区域,区域中全充满了水一种流体,忽略空气界面的影响。$t=0$ 时刻髋关节的 x 与 y 坐标在 0 附近,$z=0$ 处为实测的水面位置,则原点处于初始髋关节正上方的水面处。同时认为 $z=0$ 处的水静止压力为 0 Pa。x 正方向设置为髋关节指向鸬鹚头方向矢量在 790 ms 内的平均方向,该方向的选定对后续问题的分析非常重要。长方形边界距离原点的位置如图 6.12(d)所示。假设脚掌距离长方体边界足够远,令长方体边界为给定静压边界,其表压减去水静止压力后为 0 Pa。脚掌表面边界为无滑移壁面。在流体区域建立不均匀网格,脚掌表面附近网格渐变加密,网格数量约 300 万,如图 6.12 所示。考虑到该流体力学计算为带动网格的不可压缩单相湍流,之前已经做过介绍。对上述数学模型进行求解,时间步长为 1 ms,可获得流场和受力分布等计算结果。

6.5.2 波动运动学结果分析

由图 6.13(a)可见髋关节在 z 方向的位移较小,可以忽略,主要沿 x 方向和 y 方向变化,尤其 y 方向的变化较大。髋关节运动的主要特征为:前 450 ms 几乎不变化,到 450 ms 后,x 坐标略增大,y 坐标持续减小。由于 x 方向为髋关节指向鸬鹚头的平均方向,当髋关节向 $-y$ 方向产生较大位移时,意味着鸬鹚身体产生了绕 z 轴的逆时针转动(即鸬鹚身体在 z 方向上的角速度分量大于 0)。该逆时针转向与鸬鹚脚掌的受力有关,因此下文需要围绕 450 ms 前后受力和力矩的变化进行分析。

图 6.13(b)为大腿旋转矢量 $\alpha_{\text{leg}}(\alpha_x,\alpha_y,\alpha_z)$ 的变化曲线。尽管该旋转矢量的 3 个分量只能共同描述大腿的旋转运动,一般不能只用一个分量来单独定量分析大腿的运动,但可以作定性分析。

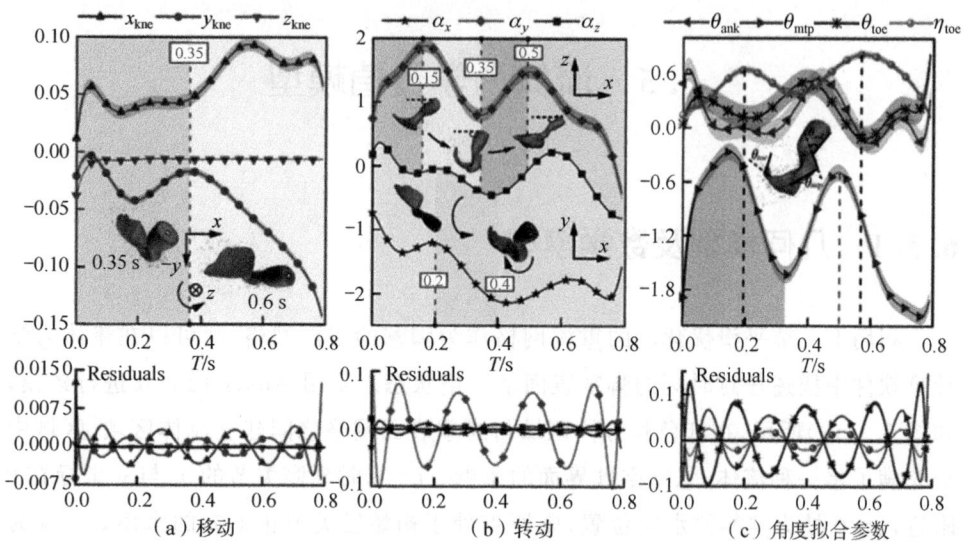

图 6.13 鸬鹚脚掌运动参数随时间变化曲线

图 6.13 彩图

α_y 可以定性表述大腿的上下摆动,较大时表示大腿更接近水平位置,在 0 附近时表示更接近下方。在 790 ms 中 α_y 一开始在较大的位置变动,到最后迅速降到 0 附近,意味着大腿一开始在比较高的位置上下摆动,最后摆动的一下才把大腿收到 O-yz 平面附近。图中 α_y 在 150 ms 到 350 ms 明显变小,意味在大腿在这段时间有较大幅度的向下摆动;在 350 ms 到 500 ms 明显变大,意味在大腿在这段时间有较大幅度的向上扬起;随后又有约 100 ms 的向下摆动。

α_z 可以定性表示大腿骨的左右指向,由于 α_z 一直在 0 附近徘徊,可见大腿骨没有大幅度的左右偏向,基本平行于 O-xy 平面运动。

α_x 可以定性表述脚背和膝盖的左右朝向。在 790 ms 中 α_x 一直为负数,意味着鸬鹚脚掌的脚背和膝盖方向全程都有朝右方($-y$ 方向)的分量。图中 α_x 在 200 ms 到 400 ms 明显变小,意味着大腿在下摆过程中同时把膝盖和脚背转向右方($-y$ 方向),到 350 ms 大腿下摆结束,同时上扬的时候,继续把脚背和膝盖往右方旋转。400 ms 之后,脚背和膝盖一直保持着较大的往右方的倾侧。

图 6.13(c)为膝盖、脚踝和脚趾各个角度拟合参数的变化曲线,描述了小腿和脚掌相对于大腿的运动。膝盖角 θ_{kne} 为 0 意味着膝盖处于伸直状态,θ_{kne} 只有在前 100 ms 和 300~600 ms 大于 0,其余时间都在 0 附近徘徊。在 300 ms 时刻,大腿正在向下摆动和向右转向,此时 θ_{kne} 明显增大意味着小腿开始带着踝关节加速向

前顶;在420 ms时刻,膝盖和脚背已经保持较明显向右倾侧,大腿正在上扬此时θ_{kne}开始降低,意味着大腿带动着膝关节并带动踝关节向左提拉。

在300 ms时刻脚踝角θ_{ank}还处于接近90°的弯曲角度,而且正在向更弯曲的趋势发展,因此可以推测此时脚掌受流体作用力反而不大。到400 ms时刻,脚踝角θ_{ank}也在增大,意味着脚踝开始带动脚掌伸展了,不过此时脚趾角θ_{toe}处于极大值,意味着脚趾处于非常弯曲的状态,因此也可以推测此时脚掌受流体作用力不大。

不过420 ms之后,在膝关节带动脚踝向左提拉的作用下,θ_{toe}减小,脚趾开始伸直;η_{toe}增大,脚蹼开始张开;θ_{ank}也在持续增大,踝关节继续伸直。这些动作意味着420 ms之后,脚掌一边增大受力面积一边向左用力,脚掌将对水在y方向有明显的作用力(即流体将对脚掌有明显的向-y方向的作用力)。到500 ms时刻,θ_{toe}和θ_{ank}都同时非常接近0,η_{toe}处于较大值,意味着脚掌脚趾都已伸直,且脚蹼张到较大,可以推测此时脚掌受力较大。

随后在500~570 ms,虽然脚踝角θ_{ank}又开始降低,脚踝开始弯曲,不过θ_{kne}还在降低,在膝关节带动脚踝向左提拉的作用还存在;同时θ_{toe}较低,η_{toe}处于较大值,意味着脚掌仍然有较大的受力面积。不过随着脚踝角θ_{ank}的降低,向左的作用力将下降。

总结几何分析的内容,从约200 ms开始,大腿开始向下摆动,此时鸬鹚腿的肢体处于链式波浪状传动状态,不过脚踝和脚趾的弯曲和收缩动作,此段时间内的鸬鹚脚掌受水作用力推测较小。直到420 ms开始,随着膝盖伸展向左提拉、脚踝伸展、脚趾伸展、脚蹼张开等动作,到670 ms前脚底面对水将有一个向左的作用力;500 ms时刻,脚踝角度伸到极大值,此时脚掌对水作用力也应该达到极大值,过了500 ms时刻后,随着脚踝角度变小,脚踝收屈,脚掌对水作用力将下降。该作用力对前文所说的鸬鹚逆时针转向起到关键作用,而且时间点也可以对应上。这部分描述能与受力分析相互印证。

6.5.3 波动动力学结果分析

若鸬鹚在无初始旋转运动的情况下实现逆时针转向,需要受到一个对鸬鹚质心(注意不是腿的质心)的z方向逆时针外力力矩$\boldsymbol{M}_{z,tot}$。该力矩可以分解为两部分:$\boldsymbol{M}_{z,tot}=\boldsymbol{M}_{z,leg}+\boldsymbol{F}_{y,leg}\boldsymbol{L}_x$。其中:

(1) 鸬鹚腿受到的外力力矩$\boldsymbol{M}_{z,leg}$,在此选择$\boldsymbol{M}_{z,leg}$力矩中心为原点。

(2) 鸬鹚腿受外力 F 对鸬鹚质心的力矩 $F_{y,\text{leg}}L_x + F_{y,\text{leg}}L_y$,力臂为鸬鹚质心到外力 F_{leg} 等效中心的水平距离矢量。则鸬鹚腿总外力 F_{leg} 在 $-y$ 方向分量或 $+x$ 方向的分量都会对逆时针的力矩作正的贡献。但由于 $F_{y,\text{leg}}$ 的力臂 L_x($M_{z,\text{leg}}$ 力矩中心到鸬鹚质心距离在 x 方向的投影)远远大于 $F_{x,\text{leg}}$ 的力臂 L_y($M_{z,\text{leg}}$ 力矩中心到鸬鹚质心距离在 y 方向的投影)。因此总的来说,$F_{y,\text{leg}}$ 对 $F_{y,\text{leg}}L_x + F_{y,\text{leg}}L_y$ 是最关键的。

在查看受力数据前,建议先明确我们主要关心 100～700 ms 之间的数据。这是因为两个原因:

(1) 初始 100 ms 的计算受到初始效应的影响,流体受力遭到夸大。初始效应是指在进行流体力学计算时,假设流体速度为 0,而动网格壁面速度不为 0,将导致过大的击打效应,导致算出来的流体受力结果比实际大。

(2) 最前和最后 100 ms 的鸬鹚脚掌追踪数据拟合精度较低,导致这两个阶段的运动结果不可信。这是因为采用了时间连续的方法进行数据拟合,在对一个时间点的数据进行拟合时,只有当该数据点的时间前后都有较多数据时,才能保证较高的拟合精度。图 6.14(a)所示为鸬鹚腿受到的外力力矩 M_{leg} 随时间变化曲线,其中包含了 $M_{z,\text{leg}}$。可见在 100～700 ms 之间,$M_{z,\text{leg}}$ 曲线主要有两个凸起:一个在 170 ms 左右,另一个在 500 ms 左右,其中 500 ms 左右的更显著,皆为正值,对鸬鹚身的逆时针旋转起正作用。其余时间的 $M_{z,\text{leg}}$ 可忽略为 0。图 6.14(b)所示为鸬鹚腿受流体作用力 F_{leg} 随时间变化的曲线,其中包含了 $F_{y,\text{leg}}$。可见在 100～700 ms 之间,$F_{y,\text{leg}}$ 曲线也是主要有两个凸起:一个在 170 ms 左右,另一个在 500 ms 左右,其中 500 ms 左右的更显著,皆为负值,对鸬鹚身的逆时针旋转起正作用。在 200～400 ms 之间,$F_{y,\text{leg}}$ 在相对较长时间内保持为正值,但数值较小,其动量与 170 ms 左右的负值区间基本抵消。200～400 ms 之间的 $F_{y,\text{leg}}$ 行为是与几何分析的描述向对应的,此时鸬鹚腿正处于波浪式传动过程,带动鸬鹚脚掌向右运动,不过由于脚踝的收屈、脚趾回收脚蹼聚拢等行为,此时脚掌对水向右侧有较小作用力。

图 6.15 为鸬鹚脚蹼波动过程中周边流速和无静水压力分布,其中静压力为水静止时由于重力形成的水压力,该压力分量对单相不可压缩流体流动没有影响,故在展示流场时不显示该分量。在只考虑 100～700 ms 区间时,在 500 ms 时刻,脚底确实受到了最大的压力,同时脚背受到了较大的负压,这个结果与前述分析相应。另外,在鸬鹚脚蹼运动过程中,在脚底左侧区域持续形成了沿 $+y$ 方向流动的水流,即流体受到了向左作用力的又一证明。流场分布和受力可以与前述几何分析和受力分

析——印证。结果表明,鸬鹚复合下肢在水动力载荷作用下具有快速、稳定的变形能力。与此同时,不对称的下肢运动可以引发转弯动作,这证明鸬鹚在游泳时可以用脚蹼的波动运动来控制方向。

图6.14 彩图

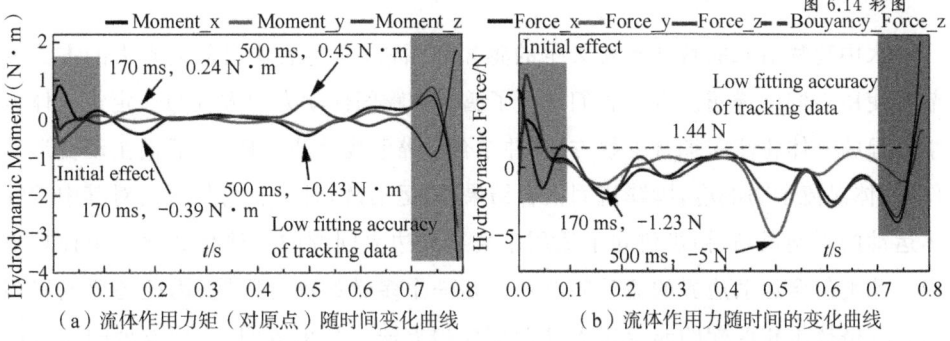

(a) 流体作用力矩(对原点)随时间变化曲线　　(b) 流体作用力随时间的变化曲线

图6.14　鸬鹚腿受力和力矩随时间变化的曲线

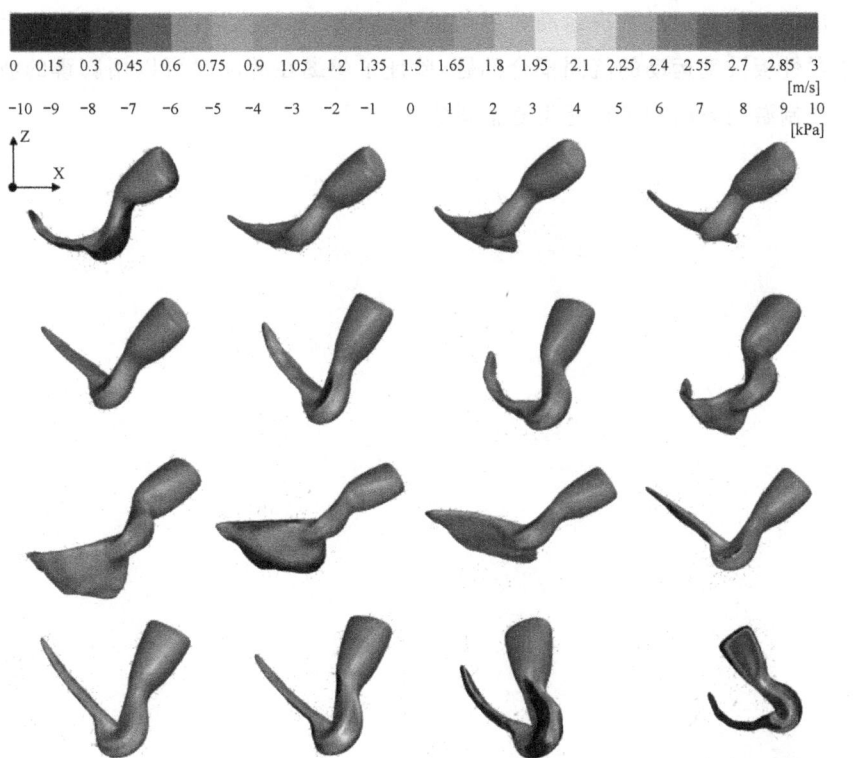

图6.15　鸬鹚脚蹼波动过程中周边流速和无静水压力分布

图6.15 彩图

6.6 本章小结

水中动物对水的特性有着天生的感知和领悟,本能地掌握着最省力的方法和节奏使用它们的蹼翅。以此我们建立了鸬鹚脚蹼固体动力学方程与非定常流体力学方程的一体化流固耦合求解方法,并结合骨骼蒙皮算法模拟了"肌肉主动变形动作,流体涡流动力响应,脚蹼流固耦合结果"的运动链,研究非均匀流场对其中柔性体运动的影响机制,初步建立了适用于复杂动边界问题的一体化数值模拟计算平台。此类包含运动边界的流动问题往往是一个多学科耦合问题,因此还要发展和动态网格技术相匹配的非定常流动数值模拟方法。结果表明,我们发展的动态混合网格生成技术及一体化模拟平台对于复杂动边界具有良好的适应性,展现了广阔的应用前景。通过解决运动边界条件下的动态网格生成问题,研究了鸬鹚脚蹼三维柔性板波动运动的流固耦合问题,验证了鸬鹚在游泳时可以用脚蹼的波动运动来控制游动方向和进行起飞姿态调整。

第7章
仿生样机系统集成及运动机理试验验证

通过对鸬鹚水面起飞的姿态和蹼足结构的分析，基于鸬鹚蹼足的骨骼结构和发力特点，设计了一种舵机驱动的拮抗式新型的仿鸬鹚蹼足推进机构。数值计算表明脚掌会通过改变周围流场压强分布和流场结构实现其水动力特性，提供推进力和升力。本章通过对拘束模状态下的仿生脚掌采用传统舵机控制，结合巧妙的刚体设计机构实现脚蹼的开合收缩。最后建立鸬鹚等大密度水鸟起飞过程的动力学仿真平台，为探究鸬鹚等水面蹼助短距起飞鸟类的机理提供了定量研究的依据。

7.1 引言

鸬鹚在水面快速起飞过程中，扑翼运动和脚蹼拍动同时存在。鸬鹚脚蹼运动是一种间歇性、爆发性的瞬时驱动游动方式，为了探究脚蹼周期性拍击水面对鸬鹚水面起飞的贡献以及定量计算在每个拍水周期中的脚蹼力大小，本章将探讨在鸬鹚起飞过程中后肢力量的贡献，以及需要腿部力量辅助的原因。通过观测周围流场压强分布和流场结构，我们可以得到脚蹼的水动力特性。过去的方法我们忽略了流体力的非定常分量或简化了脚蹼的运动，从未对足蹬游泳鸟的脚蹼力进行过精确的测量。这里我们采用仿生鸬鹚脚蹼来精确地复制自由游泳鸬鹚的三维运动学，直接对一个周期蹼面压强和涡量变化进行试验测量。仿生脚掌样机还研究了当整个脚蹼收缩至最小时，产生的水阻力，模型描述表明仿生脚蹼运动具备提供有效推进的能力。鸬鹚的脚蹼由2腿骨、4根脚骨和3张蹼膜组成，将脚蹼的脚骨看

作连杆,关节看作铰链,忽略蹼膜的作用,鸬鹚脚蹼的划水运动可以近似看作平面运动,根据机构自由度计算公式:

$$F = 3n - 2p_l - p_h \tag{7.1}$$

式中,F 为机构的自由度,n 为活动构件数,p_l 为低副数,p_h 为高副数。可得脚蹼的自由度为

$$F = 3 \times 6 - 2 \times 6 - 0 = 6 \tag{7.2}$$

考虑到蹼膜对脚骨的限制,鸬鹚脚蹼在实际摆动时,蹼膜限制两侧脚骨只能定向摆动,中间两根脚趾失去 2 个自由度,因此脚蹼的实际自由度为 4,即腿骨的摆动、脚蹼的摆动和张合。腿型生物的运动形式及性能很大不同就在于腿部尺寸比例关系和脚趾结构上的差异,所以考虑腿型生物的脚趾或脚蹼构件对其仿生机器人的运动学、动力学及其运动稳定的性能研究影响深远。尤其是仿生机器人在初期运动学研究中,刚性机构分析考虑脚趾构件更容易,而且分析理论更成熟,也是后续柔性脚趾刚柔耦合的机器人系统研究的重要基础。

7.2　仿鸬鹚脚掌样机系统设计与集成

7.2.1　仿生关节驱动系统设计

如图 7.1 所示,仿生脚掌样机的运动凭借 4 组仿生关节的相互配合完成,其中 1~3 组关节分别模拟鸬鹚腿部的髋关节、膝关节以及踝关节,由舵机带动连杆机构进行驱动;第 4 组关节为一组简单动作的指关节,可以模拟鸬鹚脚掌的打开以及闭合,该关节组处舵机与多根柔性钢丝组合,通过钢丝的拉伸传递驱动力,实现了仿生脚蹼的驱动。基于舵机控制的驱动方式具备角度控制方便、响应速度快、控制装置简单、载荷大、使用寿命高等优点,是高效可行的仿生关节驱动系统设计方案。

鸬鹚依靠趾间带蹼的双足进行划动法推进,当其腿部贴近身体时蹼趾弯曲内缩成团,降低流体阻力;后肢向后划动时蹼趾展开,由趾间蹼为面增大划水面积,借助流体阻力向前推进;达到最大位置后,后肢收缩回复,蹼趾恢复弯曲状态以降低回程流体阻力,如此往复运动,由此可设计仿生关节驱动系统的工作模式如下:

上位机通过串口通信(TTL 电平)每隔一定时间向舵机控制板发送一条运动命令,舵机控制板接受命令后便可控制舵机的运动,从而驱动仿生关节转动,通过

调整4个舵机到不同的位置,可以使仿生样机模型到达不同的状态。按照设定时间完成一组命令后就会形成一个连贯的动作,由图7.2可知,在冲程阶段,关节1先顺时针转动带动样机向后拍水,模拟鸬鹚腿部拍水时大腿的运动,此时关节组4处的钢丝为拉伸状态,等效为鸬鹚脚蹼为张开状态,随后关节2、关节3分别顺时针继续转动,模拟鸬鹚腿部拍水时小腿和脚掌的划水动作;在恢复阶段,关节2逆时针转动,模拟鸬鹚小腿抬起,此时关节组4处的钢丝为放松状态,等效为鸬鹚脚蹼为闭合状态,随后关节1逆时针转动恢复大腿到初始状态,最后关节3模拟的踝关节逆时针抬起,准备张开脚掌进行下一次划水运动。图7.2所示为脚掌样机的运动序列。

样机部位尺寸			
大腿	180 mm	小腿	210 mm
脚趾 I	116 mm	脚趾 II	93 mm
脚趾 III	63 mm	脚趾 IV	45 mm
全脚掌面积	9.8×10^3 mm^2	蜷脚掌面积	1.9×10^3 mm^2

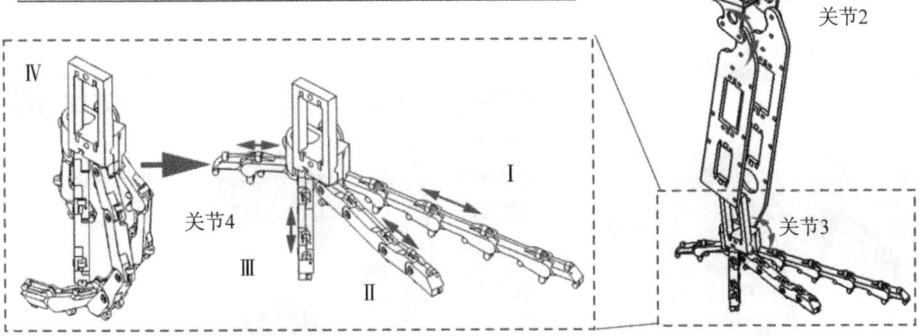

图 7.1 鸬鹚腿脚趾骨模型示意图

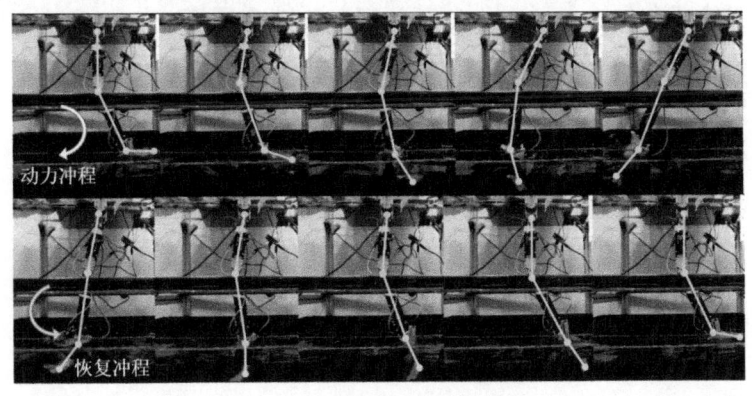

图 7.2 脚掌样机的运动序列

7.2.2 仿生关节驱动系统模块组成

通过对样机运动模式的描述,可以搭建仿生关节驱动系统,按模块进行划分,各个功能模块分离独立设计,有利于样机系统的维修迭代和调试优化。各个模块介绍如下:

(1) 控制终端:基于C++的舵机控制软件,通过串口(TTL电平)来向舵机控制板发送命令,从而控制仿生样机的运动,可编写动作组并进行调试;

(2) 舵机控制模块:16路舵机控制板,精度为1 μs,32位CPU,内部集成USB通信接口,稳定性高,波特率范围为9 600、19 200、38 400、57 600、115 200、128 000。

(3) 电源模块:12 V稳压电源及LM2596S可调降压稳压电源模块(输出6.6 V电压),分别给舵机及控制板供电。

在以上各个研究内容和各系统功能验证完成的基础上,将各个模块集成到仿生样机及工作台上,进行仿生样机的整体综合实验,仿生脚掌样机舵机控制系统界面图如图7.3所示。

图7.3 仿生脚掌样机舵机控制系统界面图

7.2.3 主要模块组成框架

仿生样机结构及零部件编号如表7.1所示,设计参照自然界鸬鹚脚掌外观,涵盖了如图 7.3 所示的各个系统功能,最终设计完成样机如图 7.4 所示。以上各个零部件的装配组合共同组成了样机总体设计,以实现各项系统功能。

表 7.1 仿生样机结构及零部件编号

编号	部件名称	编号	部件名称	编号	部件名称
1、8	转动连接件	14、17	防水舵机	27	Ⅲ趾 2
2、9、16	球形导杆	19	跖趾	28	Ⅲ趾 3
3、10、15、18	金属舵盘	20	轴承	29	Ⅲ趾 4
4	胫跗节(里)	21	Ⅰ趾 1	30	Ⅳ趾 1
5	胫跗节(外)	22	Ⅰ趾 2	31	Ⅳ趾 2
6、11	舵机	23	Ⅱ趾 1	32	Ⅳ趾 3
7	固定连接件	24	Ⅱ趾 2	33	Ⅳ趾 4
12	跗跖骨(里)	25	Ⅱ趾 3	34	Ⅳ趾 5
13	跗跖骨(外)	26	Ⅲ趾 1	35	脚蹼

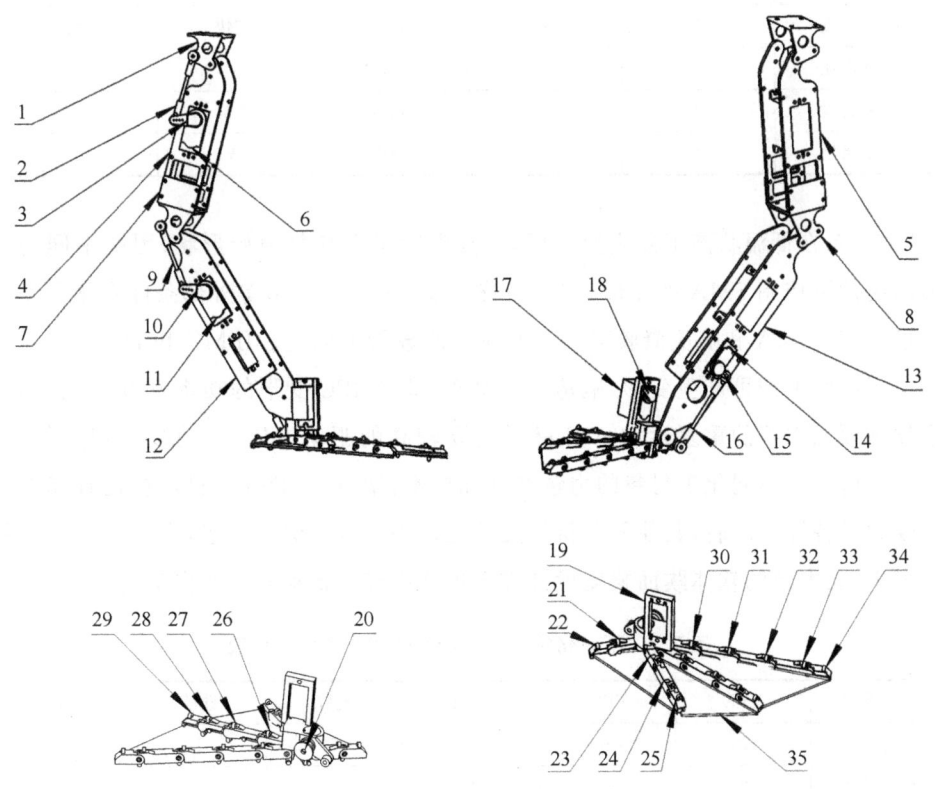

图 7.4 仿生样机结构及零部件编号

7.2.4 软体蹼面蒙皮的仿生学材料分析

由于运动过程分动力行程阶段和恢复行程阶段,该传动结构可以通过舵机控制蹼足的启闭。蹼足类软体生物高弹性材料不同特性为软体骨骼蒙皮提供了多种设计方案,表7.2所示为不同软材料驱动方案的特征比较,其中列举了软体硅胶,形状记忆合金(SMA),电致变性材料(IPMC),介电弹性体(DE),响应凝胶等智能材料驱动方案的特性比较。除了硅胶外,其他智能材料等均可在电场、温度以及pH值等外部刺激下产生材料变形的效果。对于仿生鸬鹚脚掌设计而言,在运动过程中需较快完成外形结构变化,因此对驱动方式的响应速度有着很高要求。

表7.2 不同软材料驱动方案的特性比较

名称	软体硅胶	SMA	IPMC	DE	响应凝胶
应变	<20%较小	<8%较小	<300%很大	<200%大	<30%较大
响应速度	快	慢	较快	较快	慢
驱动电压	—	—	1~7 V	150 V/μm	—
功率密度	高	较高	较低	较高	较高
功率级别	W	W	mW	W	mW

SMA在低温状态下发生变形后,在高温时又会恢复原始形状,因此不同的环境温度即可控制SMA的变形;响应凝胶可以在环境pH值等外部条件变化下发生变形,但是SMA和响应凝胶都存在响应速度较慢的问题。IPMC和DE在外部电场电压激励下即可产生变形,响应速度较快,但IMPC变形的功率密度较低,不合适软体蹼面水下的重复运动;DE材料需要较高的驱动电压,驱动装置较为复杂。表7.3所示为不同化工材料的力学特性和成本,塑料、橡胶等材料均存在着弹性和强度力学特性的矛盾,其他复合材料又缺乏价格优势。综上所述,在多种软体材料方案中,在本章的软体蹼面蒙皮设计方案最终由舵机带动硅胶蒙皮实现。

表7.3 不同化学材料力学特性和成本协调比较

名称	TPE	TPU	丁晴	乳胶	硅胶	PVC
弹性	2	3	4	5	1	4
拉伸强度	2	3	2	4	5	1
耐腐蚀	3	3	2	4	5	4

续 表

名称	TPE	TPU	丁晴	乳胶	硅胶	PVC
耐磨性	1	3	5	1	5	5
加工难易	1	2	5	3	4	4
价格	1	4	5	4	4	3

*备注：数字1~5表示该性能程度从低到高。

仿生脚掌在水中游泳时，蹼足由伺服电动机驱动，控制周期性的开合，模拟了真实生物在水中运动的行程阶段和恢复阶段，鸬鹚脚掌与实体样机的运动比较如图7.5所示。脚蹼在张开时的迎水面积约为闭合后的5倍，而且可以看出仿生脚蹼的形态变化基本上反映了真实脚蹼的运动状态。

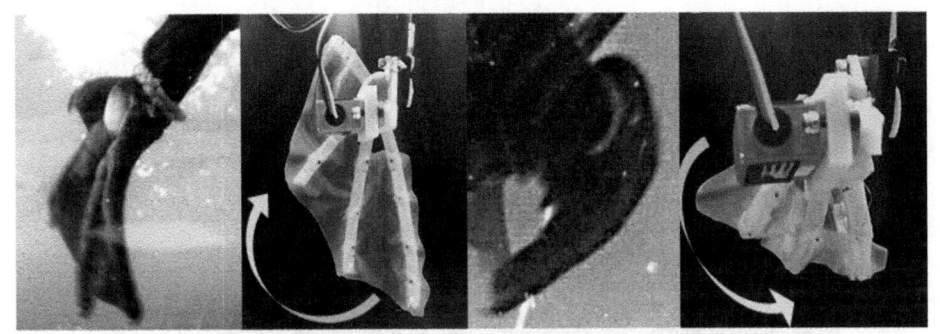

（a）冲程阶段　　　　　　　　（b）恢复阶段

图 7.5　鸬鹚脚掌与实体样机的运动比较

7.3　仿生样机水面/水下运动流体动力学分析

7.3.1　测试原理与平台搭建

搭建如图7.6所示的水槽/脚掌样机实验装置平台，利用铝型材搭建框架，并在其上放置亚克力板作为实验平台，将传感器、稳压电源、控制端等配套设置固定在平台上。平台设计了固定槽与滑轨槽用于安装所设计的脚蹼仿生样机，分别用于有约束和无约束的实验。安装如图7.6所示，将仿生样机与SRI多分量六维力传感器固连，再将力传感器与平台固定，在框架中放置水槽，控制脚蹼样机的运动使样机在控制下进行拍水运动,就能通过六维力传感器获取所受到的三轴力和三轴力矩并显示在上位机中,如图 7.7 所示。

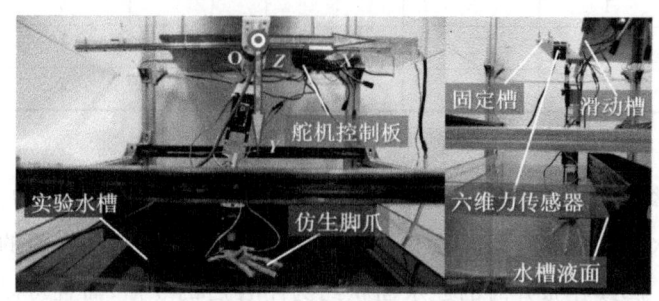

(a) 正视图　　　　　　　　(b) 侧视图

图 7.6　水槽/脚掌样机实验装置平台

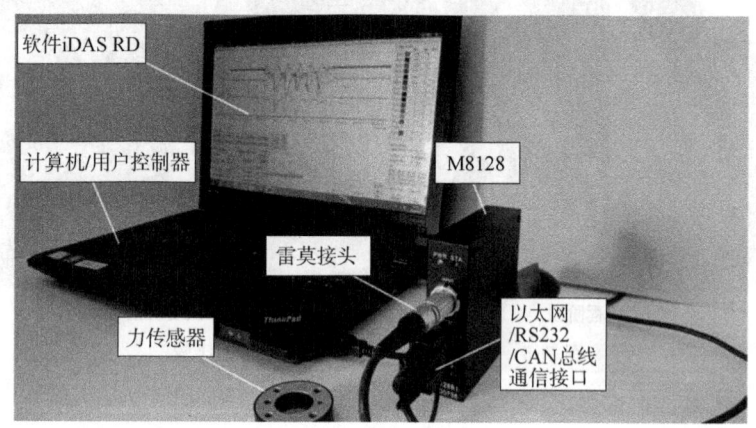

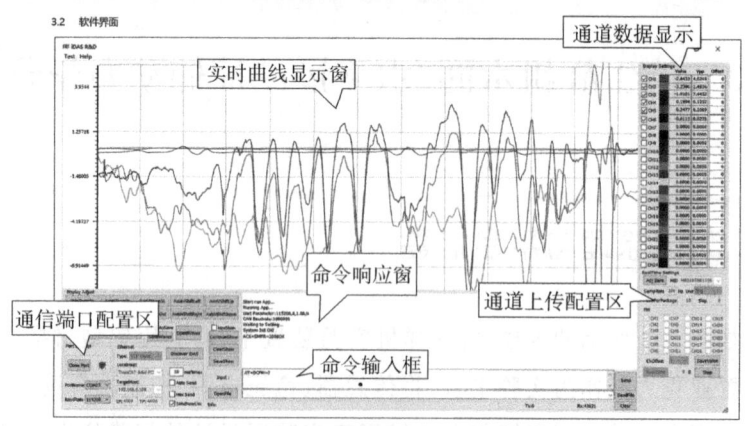

图 7.7　SRI 六轴力传感器信号采集界面

当六维力传感器加载端施加复杂作用力时,传感器会发生弹性形变,引起传感器内应变片的电阻变化,进而通过桥式电路转化成电压信号输出。为了精确描述升力大小的变化情况,我们需要准确测量精度达到 0.01 N,测量精度达到小数点后 3 位,六维力传感器的灵敏度在 0.01% 左右,根据灵敏度的计算公式,灵敏度为测量精度除以量程,我们可以反推出所需六维力传感器的量程应在 10 N 以内。

我们选择了 SRI 公司的 M3813BP 的低量程、高精度工业级六维力传感器,该类传感器提供 10 倍过载保护功能。为了在 5 N 以下的区间实现更高的精度,进行了特殊标定,并对传感器进行了防水防油设计,可以在 1 m 深的水下持续工作 24 h。六维力传感器具体参数如表 7.4 所示。六维力传感器利用桥式电路输出的电压变化仍是十分微小的,M8128 采集卡经过 19 针雷莫头(LEMO FGG.2B.319.CLAD52Z)接入 SRI 多轴力传感器,芯片能够提供激励、对信号进行低噪声放大、调理、24 位分辨率 A/D 转换等信号处理,通过 RS232 总线与主机进行通信。采集卡数据采样率为 400 Hz,通过收发指令调试,获取多轴力传感器受力的实时曲线,也可进行指令调试和参数配置,提高二次开发的效率。

表 7.4 六维力传感器参数

电桥	容量/(N/Nm)	非线性/(%FS)	迟滞/(%FS)
F_x	−70	−0.07	0.11
F_y	70	−0.06	0.17
F_z	−70	0.00	0.10
M_x	−3	−0.05	0.08
M_y	−3	0.31	0.12
M_z	3	−0.04	0.07

我们将六维力传感器与鸬鹚脚掌相固定,参考六维力传感器的孔位设计图,竖直向上的方向为六维力传感器-F_x 方向。具体的升力和推力会随着 3 个 F_x、F_y、F_z 呈现出不同的耦合状况,具体大小需要结合欧拉角的大小进行 3 个力分量在升力和推力方向投影求解。

图 7.7 中 CH_1~CH_6 分别对应六轴力传感器的 F_x、F_y、F_z 三个力以及 M_x、M_y、M_z 三个扭矩,并在图中用 6 种不同颜色的折线表示。通过控制水浸没样机高度,可以获得不同浸水深度下的受力数据;通过控制样机拍水频率,可以获得不同拍水频率下的受力数据;通过将样机分别安装固定槽上进行实验,获得有约束条件的对比数据。图 7.8 为仿生样机控制和数据采集系统硬件框架,包含运动参量测量模块、数据采集存储模块、控制驱动模块和实验样机模块四部分。

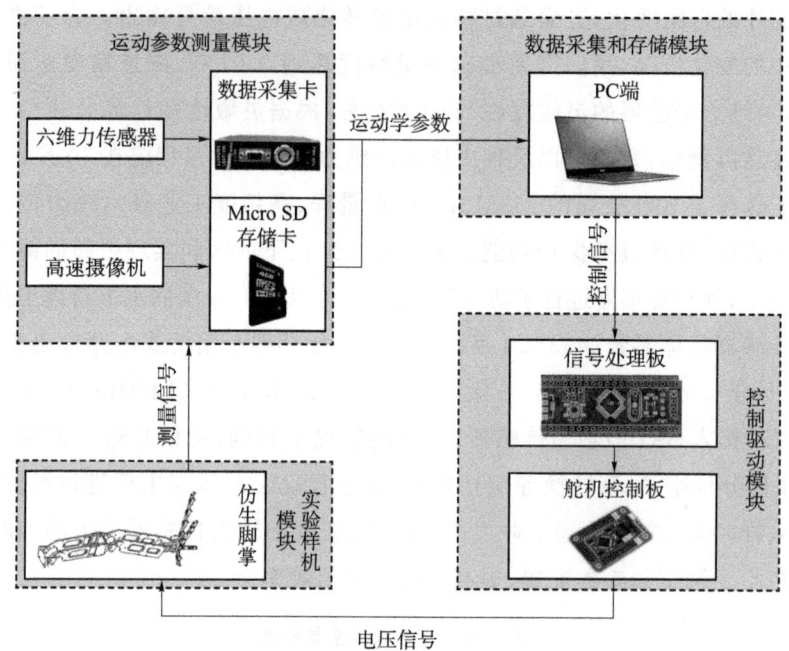

图 7.8 控制和数据采集系统硬件框架

7.3.2 仿生样机水面/水下拍动测量结果

如图 7.9 所示,动力冲程阶段,样机模型水平方向加速度向左,则舵机产生的主动力作用于传感器上的力向右,F_x 增大,向前推进。但随着加速度的迅速减小,F_x 减小,直到拍击水面,产生向前的推力,F_x 又迅速增大。刚进入水面时由于速度较快,F_x 曲线一直呈上升趋势,在即将冲程结束前,样机模型的大腿小腿(主要质量)减速,水平方向加速度向右,舵机产生的主动力作用于传感器上的力向左,且由于加速度较大,冲程结束前关节 4 带动的爪子向后划水产生的推力几乎被忽略,故 F_x 迅速减小至小于 0;恢复冲程阶段,样机模型作负功,但由于划水面积的减小,水的反作用力减小。但在整个周期中,动力冲程阶段的平均力大于恢复冲程阶段,经过路程基本相等,所做总功为正,可以向前推进。

从图 7.9 中可以看出,在每一个周期初始都会先有一个较小的脉冲,方向朝下,这是由于在运动初始阶段,由于运动方向的突然改变,会产生一个方向朝下的加速度,因此这个时候的重力大于支持力,即支持力会突然减小,产生图中向上的小尖峰。接着脚掌拍击水面,水的阻力会给脚掌提供一个向上的力,即图中所示的向下的尖峰,动力冲程和恢复冲程类似,因此会在一个周期内产生两个向下的尖峰（图右中）,由于舵机控制的过程中的延时问题以及起始时候距水面的高度不同,会导致向上的尖峰与向下的尖峰不连续,由于数据采集过程中的采集频率过大（400 Hz）,就可能会出现3个或4个向下的尖峰。

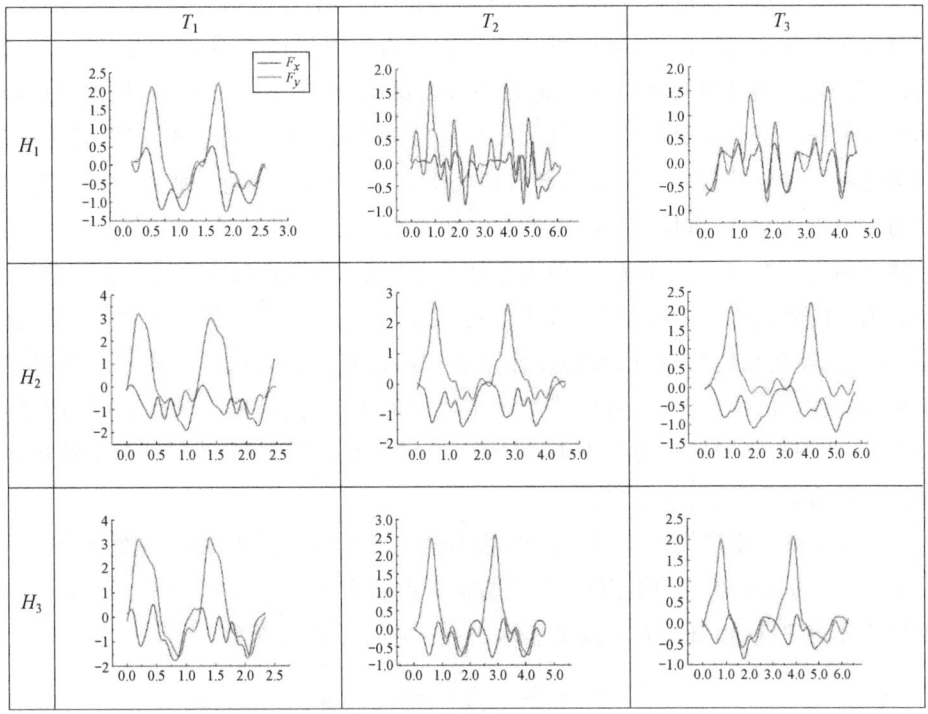

图 7.9　样机在不同周期和不同高度脚蹼样机初步测量结果,水平方向表示运动周期为 $T_1=1$ s、$T_2=2$ s、$T_3=3$ s;竖直方向分别表示浸没深度为 $H_1=0$、$H_2=5$ cm、$H_3=10$ cm

图 7.9 彩图

7.3.3　动力学结果分析与误差讨论

仿生样机水面/水下流体动力学试验获得了样机在不同深度、运动周期下的水动力。如图7.9所示,可以得到如下定性分析:①从图7.9中的同一列可以看出,随着浸没深度的增大,受舵机产生的主动力的影响减小,使得爪子运动更为平缓;x方向上最大推力增大,冲程阶段的平均力与恢复阶段的平均力的差值更大,y方向的推力会逐渐增大,但当脚蹼全部浸没后不会再继续增加。除此以外,在两个向下尖峰之间的上尖峰会逐渐增大,这是由于在冲程阶段的结束位置,随着水位的增高,脚蹼所受的浮力会逐渐增大,导致在冲程阶段结束处的 y 方向受力增大(左上中下);②从图 7.9 的同一行可以看出,随着运动周期的增大,运动速度减小,划水变得不稳定,其主要原因是受舵机的力的干扰增大;x 方向和 y 方向上的力也随之减小。

具体分析浸没深度为 0 时产生多个波峰的原因(右中与右上):冲程阶段,样机模型水平方向加速度向左,则舵机产生的主动力作用于传感器上的力向右,F_x 增大,向前推进,但随着加速度的迅速减小,F_x 减小,产生第一个波峰;拍击水面,产生向前的推力,F_x 又迅速增大,其大小与速度的平方和划水面积成正比,接下来的划水过程中,F_x 曲线一直呈上升趋势产生第二个波峰;在即将冲程结束前,样机模型的大腿小腿(主要质量)减速,水平方向加速度向右,舵机产生的主动力作用于传感器上的力向左,F_x 迅速减小,但由于加速度较小,不能忽略冲程结束前关节 4 带动的爪子向后划水产生的推力,故 F_x 减小后再次上升,产生第三个波峰;恢复阶段,样机模型先做负功,此时水的反作用力较小,到达初始位置前,样机模型减速,水平方向加速度再次向左,对传感器产生向右的力,得到第四个波峰;根据图像可以看出,冲程阶段的平均力大于恢复阶段,经过路程基本相等,故在整个周期中,所做总功仍为正,可以向前推进。

定量计算一个周期计算冲量大小,如图 7.10 所示,水平推力的冲量大小 $I_h = 0.63\ \text{N} \cdot \text{s}$ 为图中红色阴影面积,竖直方向的冲量大小 $I_s = 0.13\ \text{N} \cdot \text{s}$ 为图中蓝色阴影部分面积,横轴每 400 个刻度表示 1 s,可算得准确周期为

$$T_1 = \frac{832-338}{400} = 1.235\ \text{s} \tag{7.3}$$

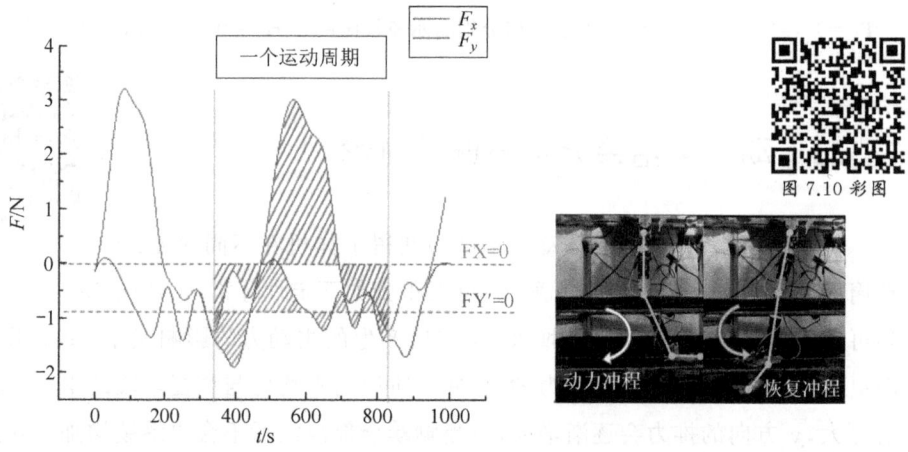

图 7.10 用阴影面积表示一个周期内冲量大小

脚蹼水动力与速度平方成正比,即与周期平方成反比。又由表 6.2 可知,I_h 对应 Case B 中的 x 方向冲量,I_2=1.072 N·s(其周期 T_2=900 ms)。

$$\frac{I_h \times T_1^2}{I_2 \times T_2^2} = 1.10661 \quad (7.4)$$

根据计算得知误差为 10% 左右,基本上在可接受范围内,可以认为试验验证结果与流体力学仿真结果基本吻合,从而我们完成了仿生样机的工程测量数据与前述流固耦合模型的数值计算结果互相校核。误差原因除了数值计算的模型误差,可能还与以下工程学因素有关。该仿生样机的运动控制方面,采用基于关节轨迹控制的方法,即采用步态参数控制和逆运动学计算,人为地设定关节运动轨迹以达到运动控制的目的。由于舵机控制精度不够以及功率不够高,以及样机结构与实际脚蹼结构差距,导致样机运动周期不稳定,与实际的生物运动有差异。将来可以通过离线优化的策略来完成运动关节的轨迹规划,实现更加自动化的自然步态,并可按照传统的编程工作机制,预设多组运动参数,根据环境的变化来灵活切换使用。

7.4 鸬鹚水面起飞过程动力学建模

图 7.11 所示为自然界鸬鹚起飞前水空两栖跨域的运动阶段,图中展示了自然界鸬鹚起飞前水空两栖跨域的运动阶段。当鸬鹚的游动速度和脚蹼相对于鸬鹚的运动速度加入总速度,得到的脚蹼相对水的速度是斜向前的,与脚蹼形成一

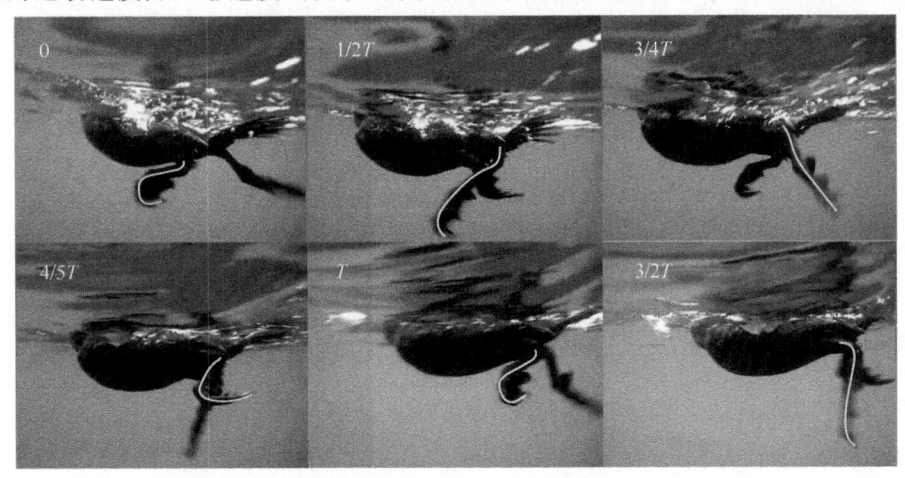

图 7.11 自然界鸬鹚起飞前水空两栖跨域的运动阶段

个攻角。这个角度取决于脚蹼在划水路径中的位置、鸬鹚的游动速度和脚蹼的划动速度,还有脚蹼在划动过程中的变化。前述可知,鸬鹚在水面通过脚蹼运动获得前进推力,进而加速获得初始升力,将身体抬出水面后同时扇动翅膀,实现水面起飞。

7.4.1 扑翼力模型

本节首先从鸬鹚飞行运动理论的角度出发,探究鸟类扑翼飞行的特征、重要影响参数,采用准定常片元法对鸬鹚起飞时的扑翼力进行分析。准定常模型法是指将扑翼每一时刻的运动视为定常运动,将其等效于定常条件下固定翼机翼的空气动力学问题去求解。当求解出每一时刻的气动力后,再将其积分合成,则可解出时间域内气动力随时间的变化曲线。采用准定常模型法去求解扑翼的气动力,相当于将扑翼力简化,可以得出扑翼力变化的简单趋势,它的优点在于快速简洁,对于模型精确程度不需要特别高时可以节省大量的计算时间,给分析模型带来了极大的便利。

在水面起飞扑翼运动中,鸬鹚翼与相对来流互相作用,不仅产生气动升力和阻力,还会由于翼面在空间的运动而发生表观质量效应,产生附加质量力。因此对鸬鹚扑翼的空气动力学将从升力、附加质量力以及阻力分析。

1. 升力

图 7.12 所示为鸬鹚模型在飞行时的气动力受力分析[6]。

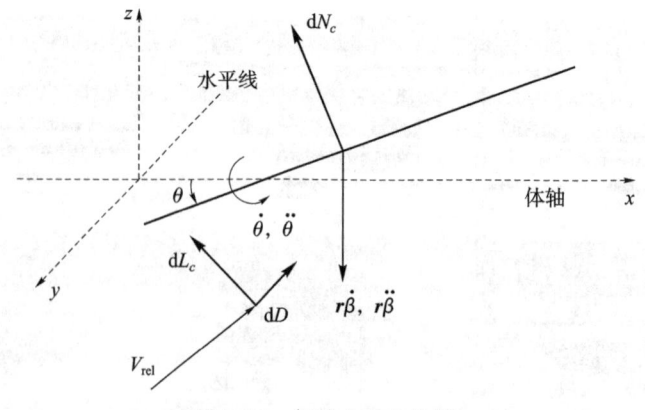

图 7.12 气动力受力分析

假鸬鹚翅膀经过简化后近似为薄翼型机翼,在薄翼理论中升力系数为[8]

$$C_l = 2\pi \left[\alpha + \frac{\dot{h}}{V} + b\left(\frac{1}{2} - a\right)\frac{\dot{\alpha}}{V} \right] \tag{7.5}$$

式中，α 为攻角，即翼型弦线与来流方向的夹角；h 表示翼型的垂直位移；V 表示来流速度，即鸥鹃相对于空气的运动速度；b 为翼型的半弦长，即翼型弦长的一半；a 为无量纲参数，表示弹性轴的位置(通常定义为从翼型前缘到弹性轴的距离与弦长的比值)$\dot{\alpha}$ 表示攻角的时间导数，单位为 rad/s，即攻角变化的速率。

图 7.13 所示为鸥鹃飞行时的升力系数计算[8]。其中 α 为水平来流速度和静态翼面的相对攻角，$\frac{\dot{h}}{V}$ 为扑动线速度和水平来流的比值，$b\left(\frac{1}{2} - a\right)\frac{\dot{\alpha}}{V}$ 为 $\frac{3}{4}c$ 处的俯仰线速度与水平来流比值。这三项实际表征被修正的相对来流攻角 α'_{rel}，所以鸟类升力系数表示为

$$C_l = 2\pi \alpha'_{\mathrm{rel}} \tag{7.6}$$

式中，α'_{rel} 为修正后的相对攻角。

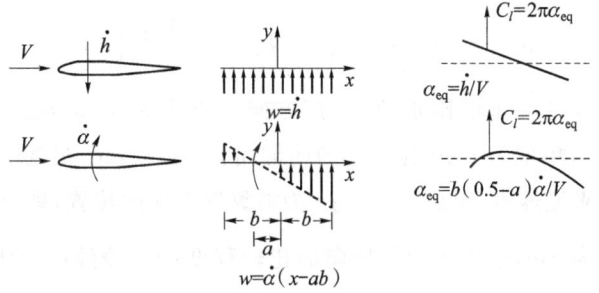

图 7.13 升力系数计算

对于单边翅膀，其单位片元上升力由如可夫斯基升力公式表达：

$$\mathrm{d}L = \frac{1}{2}\rho V_{\mathrm{rel}}^2 C_l c \cdot \mathrm{d}r \tag{7.7}$$

式中，ρ 为空气密度，$\mathrm{d}r$ 为沿展向的长度微元，V_{rel} 为相对速度，单位为 m/s，即翼面与来流的合成速度，C_l 为升力系数，c 为翼展上该处翼面弦长。

2. 附加质量力

表观质量效应是当扑翼垂直体轴，翼面推动周围空气加速，产生的相应附加质量力。这种力是扑翼的主要非循环力，即使当鸟类没有前进运动时也可以用于产生升力。被翅膀加速的空气质量可以被估计为直径为弦长的圆柱体内所包含的空气质量，空气质量与该片元处翼面加速度相乘(加速度与翼面运动相位差 180°)，附加质量力如下：

$$Nc = -\frac{\pi c^2}{4}\rho \cdot a_{翼面} \tag{7.8}$$

式中,c 为翼型弦长,ρ 为空气密度,$a_{翼面}$ 为翼面的垂直加速度,单位为 m/s²,方向与加速度相反。

Theodorsen 在考虑二维翼面扑翼运动的非定常影响时,还考虑到明显的附加质量力影响。所以在 Theodorsen 函数里,升力系数被表示为非循环系数和循环系数两个部分。其中循环系数等于前面计算的 C_l,非循环系数表示如下:

$$C_{\text{noncirculation}} = \pi b \left[\frac{\dot{\alpha}}{V} - \frac{\ddot{h}}{V^2} + \frac{ba\ddot{\alpha}}{V^2} \right] \tag{7.9}$$

式中,b 为 $\frac{1}{2}c$,$\left[\frac{\dot{\alpha}}{V} - \frac{\ddot{h}}{V^2} + \frac{ba\ddot{\alpha}}{V^2} \right]$ 为翼面该片元处翼面线加速度和相对来流速度比值。所以单位片元上附加质量力表示为:α 为攻角,单位为弧度或度,表示翼型与来流的夹角;V 为来流速度,单位为 m/s;h 为翼面的垂直位移,单位为 m;V 为来流速度的时间导数,即加速度,单位为 m/s²。

$$dNc = -\frac{\rho \pi c^2}{4}\left(\dot{\theta}U + r\ddot{\beta}\cos\theta + \frac{1}{2}\ddot{\theta}c \right) \cdot dr \tag{7.10}$$

式中,dNc 为单位片元上的附加质量力,方向垂直于翼面;ρ 为空气密度,单位为 kg/m³;c 为弦长,单位为 m;θ 为翼型的俯仰角,单位为 rad,描述翼型绕弹性轴的旋转角度;U 为来流速度,单位为 m/s;r 为沿翼展方向的位置,单位为 m;β 表示翼面扭转角,单位为 rad,描述翼型沿展向的扭转程度;$\dot{\theta}$ 为俯仰角的时间导数,单位为 rad/s。

其中,附加质量力沿弦长的法向方向。

3. 阻力

鸬鹚扑翼过程中所受到的气动阻力分为诱导阻力和废阻力[14],其中诱导阻力是由下洗气流产生,废阻力是由于气流与身体的表面摩擦力和压差阻力产生。

(1) 诱导阻力系数

诱导阻力与升力有很大关系,普朗特升力线理论和大量实验数据表明,薄翼的诱导阻力系数表达式如下:

$$C_{Di} = \frac{C_l^2}{\pi M^2 AR} \tag{7.11}$$

式中,M^2 为翼面形状影响因素,通常其值等于 0.9 到 0.95 之间,这里取 0.9 来计算鸬鹚翅膀诱导阻力;C_l 为升力系数;M_2 为翼面形状修正因子,取值为 0.9;AR 是翼展比,定义为翼展平方除以翼面积。

(2) 废阻力系数

废阻力由压差阻力和表面摩擦阻力组成,鸢鹚在飞行过程中的废阻力受来流速度 V_{rel},翼面积,翼展影响[14],其系数表达式如下:

$$C_{Dp} = 0.455K \left[\log_{10}\left(\frac{65\ 200 V_{\text{rel}} S}{B}\right) \right]^{-2.58} \quad (7.12)$$

式中,K 为废阻力比例系数,范围在 2.0 到 4.4 之间,鸢鹚体形较大,在这里取 $K=4.4$;V_{rel} 为相对来流速度;S 为翼面积,单位为 m^2;B 为翼展,单位为 m。

(3) 合阻力计算

合阻力等于诱导阻力和废阻力的和,对于每个片元,其合阻力与相对来流速度相反:

$$\mathrm{d}D = \frac{1}{2}\rho V_{\text{rel}}^2 C_{Di} \mathrm{d}S + \frac{1}{2}\rho V_{\text{rel}}^2 C_{Dp} \mathrm{d}S_w \quad (7.13)$$

式中,$\mathrm{d}S_w$ 为片元的润湿面积,对于一般鸟类 $\mathrm{d}S_w$ 是 2.5 倍的 $\mathrm{d}S$,C_{Di} 为诱导阻力系数,无量纲,与升力平方成正比;C_{Dp} 为废阻力系数。

$$\mathrm{d}D = \frac{1}{2}\rho V_{\text{rel}}^2 C_{Di} c \cdot \mathrm{d}r + \frac{2.5}{2}\rho V_{\text{rel}}^2 C_{Dp} c \cdot \mathrm{d}r \quad (7.14)$$

式中,$\mathrm{d}D$ 为单位片元上的合阻力;c 为弦长;$\mathrm{d}r$ 为沿翼展方向的微小长度段。

通过式(7.14)可表示每个片元所受阻力,其方向与相对来流速度相反。

(4) 扑翼空气动力整体分析

扑翼空气动力分为升力、附加质量力以及阻力,在片条理论模型中,每个片元所受空气动力受力分析如图 7.12 所示。

其中分析可知每个片元所受竖直和水平方向气动力分力分别为

$$\begin{aligned}
\mathrm{d}F_{\text{vertical}} &= \mathrm{d}L \sin(\alpha_{\text{rel}})\cos(\delta) + \mathrm{d}N_c \cos(-\theta)\cos(\delta) + \mathrm{d}N_c \sin(\alpha_{\text{rel}})\cos(\delta) \\
\mathrm{d}F_{\text{horiz}} &= \mathrm{d}L \cos(\alpha_{\text{rel}})\cos(\delta) + \mathrm{d}N_c \sin(-\theta)\cos(\delta) - \mathrm{d}D\cos(\alpha_{\text{rel}})\cos(\delta)
\end{aligned} \quad (7.15)$$

式中,$\mathrm{d}L$ 为指单位片元的升力,单位为牛;$\mathrm{d}N_c$ 为指单位片元的附加质量力;$\mathrm{d}D$ 为指单位片元的阻力,单位为 N,包括诱导阻力和废阻力;α_{rel} 为相对攻角(单位:弧度或度),即翼型弦线与实际来流方向的夹角;θ 为俯仰角,单位为 rad,描述翼型绕弹性轴的旋转角度;δ 为翼面扭转角,表示沿翼展方向的局部扭转角度。

以上为扑翼运动每个片元水平和竖直方向上的扑翼气动力分量。将每个片元上扑翼气动力经过积分可求得该瞬时整个翼面所受到的空气动力为

$$F_{\text{vertical}} = \sum \mathrm{d}F_{\text{vertical}}$$

$$F_{\text{horiz}} = \sum dF_{\text{horiz}} \tag{7.16}$$

式中，F_{vertical} 为整个翼面的总垂直气动力，单位为 N，用于支撑鸟类飞行或产生升力；F_{hort} 为整个翼面的总水平气动力，单位为 N，可能用于推进或克服阻力。

以上为运用假设准定常条件的片条理论模型对扑翼气动力进行建模，得到的模型可以估算出每一时刻扑翼所受到的气动力。

7.4.2 脚蹼力模型

表 7.5 所示为蛇怪蜥蜴与鸬鹚水面运动参数特性比较。本节通过蛇怪蜥蜴和鸬鹚脚蹼水上运动模式和机理的对比，类比研究脚蹼对水面的冲击而产生支持身体的冲量的大小与脚蹼在拍水时与水接触变化的过程；定义鸬鹚腿部自由度，建立鸬鹚起飞脚蹼周期性拍水运动的运动学模型，分析腿部关节角度与脚蹼中心坐标的 D-H 矩阵以及研究关节角速度与脚蹼中心速度的雅各比矩阵。蛇怪蜥蜴由于其神奇的水面快速奔跑行走现象，前述章节提到已有部分研究尝试。由表 7.5 可知，蛇怪蜥蜴和鸬鹚的脚蹼各项运动学参数（尤其是弗劳德数）比较相近，所以其水中的运动特性和受力表现是相似的、可互相借鉴的。弗劳德数是流体惯性力和重力的比值，用来表征部分淹没物体穿过水的阻力大小：

$$F_r = \frac{u^2}{gl} \tag{7.17}$$

式中，F_r 为弗劳德数（无量纲），表示流体惯性力与重力的比值，用于衡量水流中物体的阻力特性。u 为水中速度，g 为重力加速度，l 为与水接触特征长度。

表 7.5 蛇怪蜥蜴与鸬鹚水面运动学参数特性比较

生物	脚蹼特征长度	脚蹼中心速度	弗劳德数
蛇怪蜥蜴	厘米级	2.5 m/s	7
鸬鹚	成年约 12 cm	2～3 m/s	3～8

因此 Glasheen[24] 提出的蛇怪蜥蜴脚蹼动力学公式(7.20)对分析鸬鹚的脚蹼流体动力学模型可提供参考。

在动力冲程中，脚蹼受到的流体力冲量为

$$I_{\text{slap}} = m_{\text{virual}} u_{\text{peak}} \tag{7.18}$$

式中，I_{slap} 为动力冲程中的流体力冲量，单位为 N·s；m_{vinal} 为附加质量，单位为

kg，表示被加速的水体等效质量；u_{peak}为峰值速度，单位为 m/s，即脚踝运动的最大速度。

在划水过程中，水静态压力和水动态压力组成水阻力。水阻力在竖直方向的分量的积分为划水时期的冲量：

$$I_{stroke} = \int \text{Drag}(t)\cos\phi(t)\mathrm{d}t \tag{7.19}$$

式中，$\text{Drag}(t)$为流体阻力，$\phi(t)$为脚蹼的攻角。

当$F_r = 1\sim80$时，在水中阻力表达为

$$\text{Drag}(t) = C_d[0.5S\rho u^2 + S\rho g h(t)] \tag{7.20}$$

式中，C_d为阻力系数（约 0.703[25]），ρ为水体密度，S为圆盘与水有效接触面积，$h(t)$为物体在水中入水高度。

根据式(7.20)中的流体动力学项和静力学项进行分析，在动力学项$C_d[0.5S\rho u^2]$中u为脚蹼中心在水下各处运动轨迹速度，可分解为在水平方向速度v_x和竖直方向速度v_y，其中：

$$\begin{aligned}v_x &= v_{xr} + v_{cx}\\ v_y &= v_{yr} + v_{cy}\end{aligned} \tag{7.21}$$

式中，v_{xr}、v_{yr}分别为鸬鹚脚蹼中心相对质心坐标系$OX_cY_cZ_c$的速度，v_{cx}、v_{cy}为质心在对地坐标系$OX_gY_gZ_g$中的速度；对于水下v_x、v_y不同状态时，考虑流体静力学项$S\rho g h(t)$本质为阿基米德浮力，方向始终竖直向上。因此，根据式(7.20)，将脚蹼水动力在竖直和水平方向的分量分解如下：

$$\begin{aligned}\text{Drag}_v(t) &= C_d[0.5S\rho u_y^2 + S\rho g h(t)]\\ \text{Drag}_h(t) &= C_d[0.5S\rho u_x^2]\end{aligned} \tag{7.22}$$

式中，C_d为阻力系数，表示物体在流体中运动时的阻力特性；S为参考面积，表示物体在流体中投影的横截面积，单位通常为 m²；u_x为在水平方向上的速度分量，u_y为在竖直方向上的速度分量。

7.4.3 脚蹼运动学模型

鸬鹚的腿部运动在二维平面上拥有 3 个自由度，分别是髋关节、膝关节和踝关节，其中髋关节角度为大腿与体轴夹角，膝关节角度是大腿和小腿的夹角，踝关节角度是脚蹼平面和小腿的夹角。

在准备入水前，髋关节和膝关节角度θ_1和θ_2达到最大，在入水后大腿和小腿同时向后蹬，最后出水时膝关节角度几乎为零，大腿和小腿保持在同一直线上出

水。当脚蹼在水中时,由于水花阻挡且其处于水面下,所以无法观察到踝关节角度的变化,根据出入水瞬间踝关节角度为零以及根据鸬鹚在水池划水时踝关节角度为零,假设鸬鹚脚蹼中心水下轨迹近似等于踝关节角度为零时的脚蹼中心轨迹。但同时假设鸬鹚在每个时刻为获得最大水动力,脚蹼平面会主动改变平面角度以保持与脚蹼中心划水速度的垂直,从而获得每时刻的最大水动力。

所以脚蹼运动可以简化为一个二维二自由度三连杆模型。三连杆中 l_1 代表体轴,长度为 D_1;l_2 代表鸬鹚髋关节到膝关节的部分,长度为 D_2;l_3 代表鸬鹚膝关节到脚蹼中心的部分,长度为 D_3。设定地面坐标系表示为 $OX_gY_gZ_g$,鸬鹚质心坐标系为 $OX_cY_cZ_c$,并且为基底坐标系,膝关节坐标系为 $OX_1Y_1Z_1$,脚蹼中心坐标系为 $OX_2Y_2Z_2$,如图 7.14 所示。

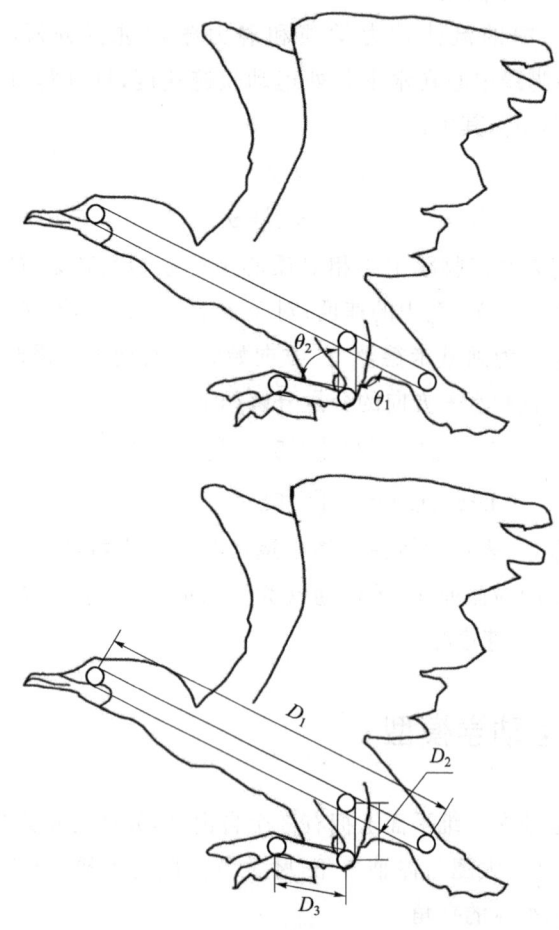

图 7.14 鸬鹚简化模型及 D-H 坐标系

|第 7 章| 仿生样机系统集成及运动机理试验验证

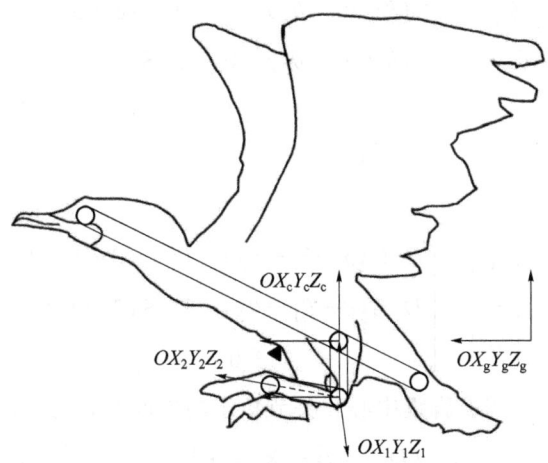

图 7.14 鸬鹚简化模型及 D-H 坐标系(续)

已知腿部各关节角度值,若要解析当前脚蹼中心位置,则需要分析简化模型的 D-H 转换。根据建立的坐标系,D-H 矩阵参数如表 7.6 所示。根据上述 D-H 参数表可以根据 D-H 变换矩阵列出相邻两关节之间坐标转换关系式 $^cT_1$、$^1T_2$:

$$^cT_1 = \begin{bmatrix} -C(\delta+\theta_1) & S(\delta+\theta_1) & 0 & -D_2 C(\delta+\theta_1) \\ -S(\delta+\theta_1) & -C(\delta+\theta_1) & 0 & -D_2 S(\delta+\theta_1) \\ 0 & 0 & 1 & 0 \\ 0 & 0 & 0 & 1 \end{bmatrix} \quad (7.23)$$

$$^1T_2 = \begin{bmatrix} -C\theta_2 & -S\theta_2 & 0 & -D_3 C\theta_2 \\ S\theta_2 & -C\theta_2 & 0 & D_3 S\theta_2 \\ 0 & 0 & 1 & 0 \\ 0 & 0 & 0 & 1 \end{bmatrix} \quad (7.24)$$

表 7.6 D-H 矩阵参数表

序号	θ	d	a	α
1	$\pi+\delta+\theta_1$	0	D_2	0
2	$\pi-\theta_2$	0	D_3	0

从而,脚蹼质心坐标和脚蹼中心坐标的总转换矩阵为 $^cT_2 = {^cT_1}\,{^1T_2}$,表达式如下:

$$^c\boldsymbol{T}_2 = \begin{bmatrix} -C(\delta+\theta_1-\theta_2) & -S(\delta+\theta_1-\theta_2) & 0 & D_3C(\delta+\theta_1-\theta_2)-D_2C(\delta+\theta_1) \\ S(\delta+\theta_1-\theta_2) & -C(\delta+\theta_1-\theta_2) & 0 & D_3S(\delta+\theta_1-\theta_2)-D_2S(\delta+\theta_1) \\ 0 & 0 & 1 & 0 \\ 0 & 0 & 0 & 1 \end{bmatrix}$$
(7.25)

$$\begin{bmatrix} X \\ Y \\ Z \end{bmatrix} = \begin{bmatrix} D_3C(\delta+\theta_1-\theta_2)-D_2C(\delta+\theta_1) \\ D_3S(\delta+\theta_1-\theta_2)-D_2S(\delta+\theta_1) \\ 0 \end{bmatrix} \quad (7.26)$$

由式(7.26)求解鸬鹚脚蹼中心和关节角度的逆问题,表达式如下:

$$\begin{bmatrix} \theta_1 \\ \theta_2 \end{bmatrix} = \begin{bmatrix} \arcsin\left(\dfrac{D_3^2-D_2^2-X^2-Y^2}{2D_2\sqrt{X^2+Y^2}}\right)-\arctan\left(\dfrac{Y}{X}\right)-\delta \\ \arcsin\left(\dfrac{D_3^2-D_2^2-X^2-Y^2}{2D_2\sqrt{X^2+Y^2}}\right)-\arcsin\left(\dfrac{D_2^2-D_3^2-X^2-Y^2}{-2D_3\sqrt{X^2+Y^2}}\right) \end{bmatrix} \quad (7.27)$$

式中,D_1、D_2、D_3 为连杆的长度,影响关节运动的物理参数;X、Y、Z 为末端执行器在空间中的位置坐标;θ_1 和 θ_2 为第一个和第二个关节的角度。

按照上述公式可求得鸬鹚脚蹼中心和其关节运动的正变换和逆变换。通过生物运动捕捉,获得鸬鹚脚蹼关节角度值随时间变化的数据,通过 D-H 矩阵可以转化成鸬鹚脚蹼中心在质心坐标系中的坐标,从而计算和分析脚蹼中心在水下的速度和位移曲线,为脚蹼力计算提供输入量。研究鸬鹚脚蹼中心运动时,其速度是对水动力影响的关键因素,所以依据雅各比矩阵可以求解出各关节速度和脚蹼中心速度的关系,下面是采用解析方法求解脚蹼中心雅可比矩阵的具体思路。

对于二维平面内二自由度的关节和位移运动,根据雅各比矩阵定义:

$$\begin{bmatrix} \mathrm{d}X \\ \mathrm{d}Y \end{bmatrix} = \begin{bmatrix} \dfrac{\partial X}{\partial \theta_1} & \dfrac{\partial X}{\partial \theta_2} \\ \dfrac{\partial Y}{\partial \theta_1} & \dfrac{\partial Y}{\partial \theta_2} \end{bmatrix} \begin{bmatrix} \mathrm{d}\theta_1 \\ \mathrm{d}\theta_2 \end{bmatrix} \quad (7.28)$$

式中,$\begin{bmatrix} \mathrm{d}X \\ \mathrm{d}Y \end{bmatrix}$ 为末端执行器在 X 和 Y 方向上的变化量,表示末端执行器移动的位移。$\dfrac{\partial X}{\partial \theta_1}$、$\dfrac{\partial X}{\partial \theta_2}$ 为末端执行器的 X 坐标相对于关节角度 θ_1 和 θ_2 的偏导数,这些值为

关节角度变化对末端位置的影响。$d\theta_1$、$d\theta_2$ 为关节角度 θ_1 和 θ_2 的小变化量,通常是指时间微小变动时的角度变化。

则可根据式(7.28)求出鸬鹚脚蹼中心和关节的雅各比矩阵:

$$J = \begin{bmatrix} -D_3S(\delta+\theta_1-\theta_2)+D_2S(\delta+\theta_1) & D_3S(\delta+\theta_1-\theta_2) \\ D_3C(\delta+\theta_1-\theta_2)-D_2S(\delta+\theta_1) & -D_3C(\delta+\theta_1-\theta_2) \end{bmatrix} \quad (7.29)$$

通过雅各比矩阵,根据关节角速度值解算出脚蹼中心速度,从而有效减少各类误差。

7.5 鸬鹚的动力学模型仿真结果及验证

7.5.1 模型框架

目前还没有针对鸬鹚及类似鸟类在水面起飞过程定量的力学建模和动力学仿真,而建立相应的动力学模型对探究鸬鹚的仿生机理和仿生机构设计有着较强的参考价值,对跨海空航行器的机构设计和控制系统搭建有着重要的借鉴意义。根据前述扑翼力和脚蹼力相应的动力学方程。本小节将讨论如何建立相应的扑翼力-脚蹼力耦合动力学模型以及对通过输入自然界鸬鹚的身体数据和运动捕捉数据来验证该模型的正确性,并通过对数学模型的分析进一步讨论改变鸬鹚运动参数对起飞过程的影响。仿真数学模型包括扑翼力分析模块、脚蹼力分析及耦合模块、动力学分析模块以及输入、输出模块,如图 7.15 所示。

(1)模型搭建平台

本节采用进行数学模型搭建和起飞仿真计算以及分析。编写力学模块和动力学模块,设置初始参数和终止条件,从而实现对起飞过程的仿真,能够方便地满足实验的要求,进行多组数据的分析和比较。

(2)模型搭建方法和思路

考虑模型的算法精度和计算效率,本章采用时间步长为 0.001 s 的 for 循环结构离散时间模型架构,终止条件为水平速度达到起飞速度要求或者时间已经达到设定上限。在每个时间步长内,计算相应时间的运动输入量数值,同时根据片元法要求采用 for 循环结构分析求解单边翼面沿展向分割片元所受空气动力微元,片元计算结束后,对空气动力微元进行矩形积分即求得该时间步长内翼面所受总空

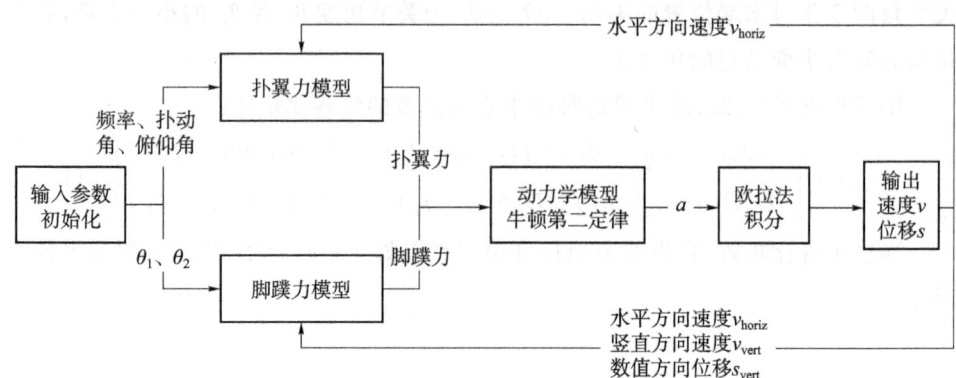

图 7.15 鸬鹚水面起飞仿真模型结构图

气动力;同时,在每个时间步长内,模型同步输入该时间内脚蹼运动数据,从而计算得出脚蹼力数值大小;在同一个时间步长内,当前时刻扑翼力和脚蹼力已经得出,则将扑翼力、脚蹼力、重力进行三力合成,分成竖直和水平两个方向的分量,运用牛顿第二定律计算两个方向的加速度,并采用欧拉法进行速度和位移的计算。同时对速度进行条件判断,如果没有超出设定范围则时间循环继续。

(3) 积分方法选取和误差讨论

常用的积分方法有欧拉法、二阶-龙格库塔算法以及最常用的四阶-龙格库塔算法等。其中,欧拉法的误差为 $O(h^2)$,二阶-龙格库塔算法的误差为 $O(h^3)$,四阶-龙格库塔算法误差为 $O(h^5)$。在该仿真模型中 $h = 10^{-3}$ s,所以最简单的欧拉法精度误差数量级为 10^{-6},误差度较小的四阶-龙格库塔算法误差数量级为 $10 \sim 15$。对于该仿真模型,若使用欧拉法根据计算,且截取片段时间长度最大不超过 0.8 s,累积误差数量级为 10^{-4},所以在本章仿真模型中使用欧拉法进行积分在效率和计算量以及结果误差上有很好的权衡。

7.5.2 具体模块设计

图 7.16 所示为鸬鹚水面起飞仿真及扑翼力、脚蹼力模型流程图。

(1) 扑翼力模块

扑翼力模块需要初始设定常数参数,在每个时间步长中,输入该时刻内扑动角和俯仰角参数以及上一时刻的速度,进行当前时刻扑翼运动学假设,并对单边翼面进行沿展向分割的每个片元进行气动力计算和沿水平和竖直方向分解,计算完每个片元气动力后进行欧拉法积分,从而得到扑翼力。

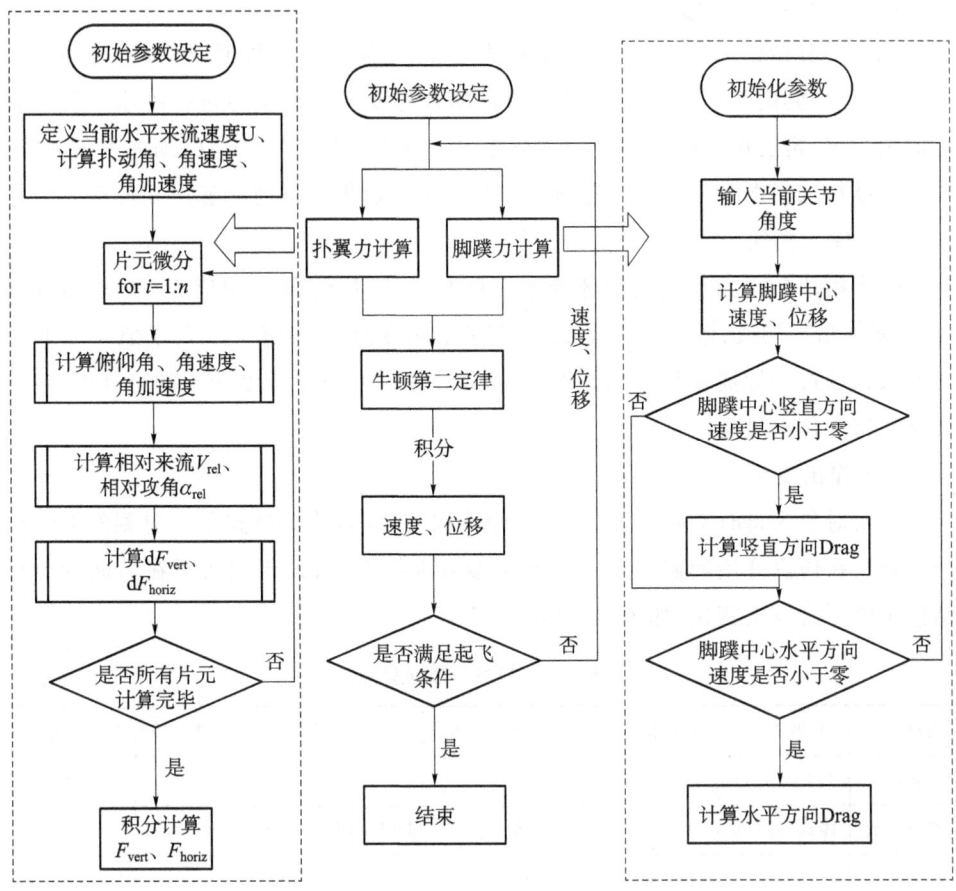

图 7.16 鸬鹚水面起飞仿真及扑翼力、脚蹼力模型流程图

(2) 脚蹼力模块

脚蹼力模块需要设定初始腿部长度参数,在每个时间步长中,输入的该时刻腿部关节角度值经过 D-H 矩阵和雅各比矩阵转化为当前时刻脚蹼中心相对质心的位移和速度,还须输入上一时刻的速度和位移,将脚蹼中心相对速度和位移转换成当前 β_{max} 时刻对地位移和速度;同时在每个时间步长中,需要根据脚蹼中心脉冲 kx 矩阵对应时刻值来确定该时刻脚蹼中心是否处于水下,同时根据 2.3.4 小节蛇怪蜥蜴受力假设根据速度的符号来判断脚蹼力在对应方向的分量是否存在;对于入水深度 h,设定当鸬鹚脚蹼第一次刚接触水面时的高度为零参考线,之后的入水深度都需要经过此划定参考线进行判断;经过脚蹼中心速度和入水深度的计算,最后得到该时间步长内脚蹼力的大小。

(3) 动力学分析模块

动力学分析模块需要设定初始速度、位移等有关运动数据,在每个时间步长内,对已经得到的当前时刻的扑翼力和脚蹼力与设定好的重力进行沿水平和竖直方向的分解,再运用牛顿第二定律进行当前时刻水平和竖直方向的加速度的解算,再根据欧拉法对两个方向的加速度矩形积分从而求解当前时刻速度和位移。

(4) 输入模块

输入模块包括:频率 f、身体与水平面攻角 δ、扑动角平均值 β_0、扑动角幅度 β_{max}、俯仰角平均值、俯仰角幅度 θ_{max}、髋关节角度值 θ_1 及膝关节角度值 θ_2。其中时变数据通过坐标捕捉和数据处理后,储存在和时间数组长度相同的矩阵中,定常数据设定为仿真过程内常数。

(5) 输出模块

输出对象为每时刻各个力的大小、速度以及位移,并反馈到下一时刻的力学模块分析。在仿真开始前需要对一些初始参数进行设定,设定完成后在后面的循环结构中则不会发生变化,如表 7.7 所示。

表 7.7 初始形态学参数

身体参数	翼展 B/m	翼面积 S/m²	展弦比 AR	润湿面积系数	质量 m/kg	零升力角/(°)
数值	1.45±0.01	0.249	8.45	3	3	−13
身体参数	体长 D_1/cm	大腿 D_2/cm	小腿 D_3/cm	脚蹼面积 S_{foot}/cm²		
数值	84	11±1	12.5±1	118.5±0.05		

7.5.3 仿真结果

根据仿真得到的鸬鹚在水平方向上的位移时间图像、在竖直方向得到的位移时间图像以及鸬鹚竖直-水平位移图像与拍摄运动轨迹图像对比,如图 7.17 所示。

通过输入实际运动参数求出输出位移量,并与实际运动位移量从时间和空间上进行比较,发现仿真结果非常接近实际运动轨迹,两者误差较小,有较大的相似性。所以验证了仿真模型的正确性,为以后计算不同运动参数对起飞性能的影响提供了可靠性验证。

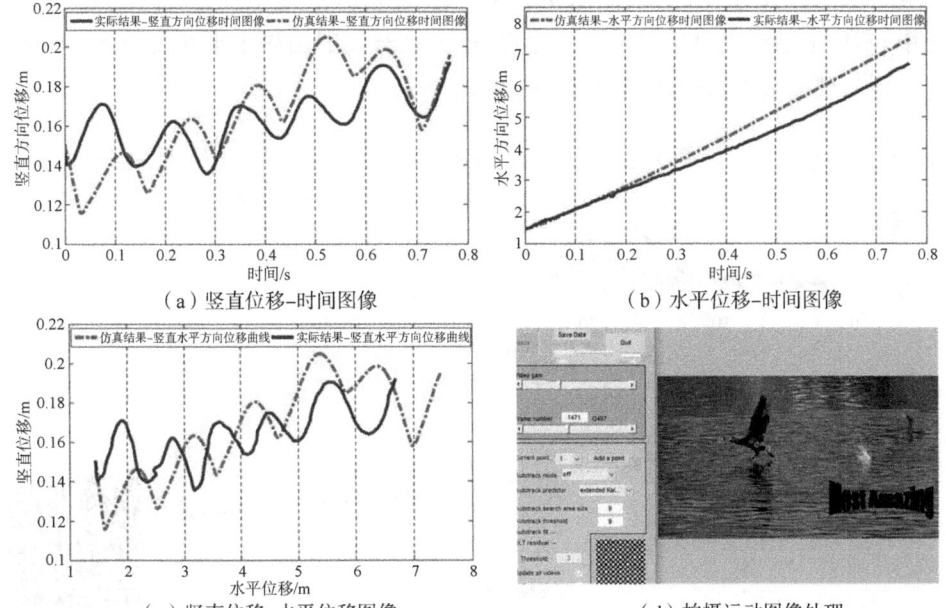

(a) 竖直位移-时间图像
(b) 水平位移-时间图像
(c) 竖直位移-水平位移图像
(d) 拍摄运动图像处理

图 7.17 仿真结果图

图 7.17 彩图

7.5.4 运动参数的影响

针对单一变量法分析不同频率、身体攻角以及脚蹼面积条件下,探究参数改变对䴙䴘在水面起飞过程的影响。

1. 频率

䴙䴘起飞的扑翼频率约为 7.5 Hz,脚蹼会在䴙䴘扑动角达到最大时开始接触水面,所以若䴙䴘扑翼频率发生改变,那么整个身体的节律都会因此发生变化,则需要通过建立的仿真模型去探究对其在水面上奔跑的运动有何影响。现取 4 组频率值,分别是 4.5 Hz、5.5 Hz、6.5 Hz、7.5 Hz。在仿真模型依次改变䴙䴘的扑翼频率,在记录水面起飞过程中的运动轨迹时,还记录临界水平起飞位移,不同频率䴙䴘水面运动轨迹对比如图 7.18 所示。

2. 身体攻角

䴙䴘在起飞期间的身体攻角基本保持在 10°左右,所以它的俯仰力矩基本为零,而且这种现象不仅出现在䴙䴘中,红喉潜鸟、野鸭、天鹅等大型水鸟在起飞时都基本保持体轴和水面攻角的不变。所以,若䴙䴘身体攻角发生改变,对起飞性能的影响可以从仿真模型中得到。取 5 组身体攻角,分别 6°、8°、10°、12°、14°,在仿真过程中,不仅记录起飞时运动轨迹全过程,还记录起飞的临界水平移动距离,不同身体攻角的鸬鹚水面运动轨迹对比如图 7.19 所示。

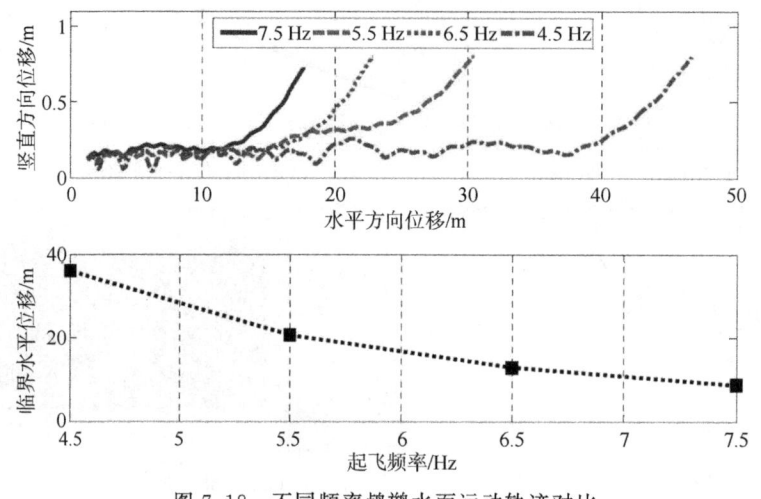

图 7.18　不同频率鸬鹚水面运动轨迹对比

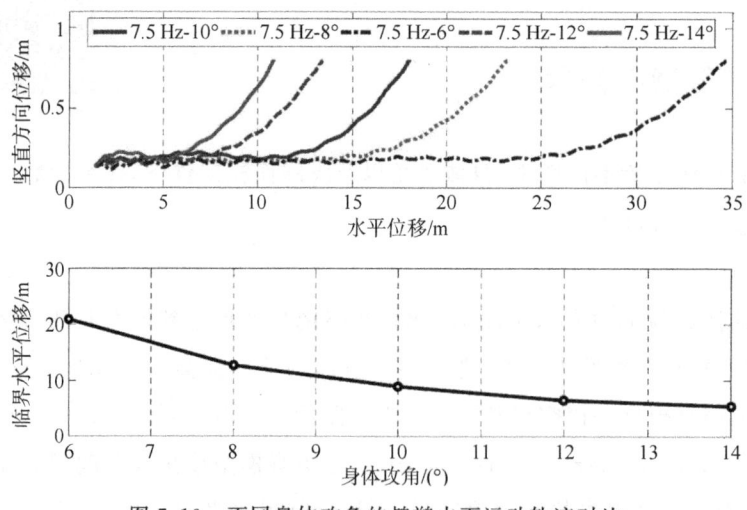

图 7.19　不同身体攻角的鸬鹚水面运动轨迹对比

根据仿真结果发现,身体攻角的改变对整个起飞过程的影响很大,身体攻角相差 2°会导致水面起飞距离增长 5 m 左右,所以鸬鹚在水面飞行时可能会通过调节身体攻角来使起飞状态发生改变。同时分析这种情况产生的原因,当身体攻角越小,扑翼扑动的平均翼面就越接近水面,在不考虑地面效应的情况下,翅膀产生的气动力在水平方向上的分量会减少,从而使水平速度加速减慢,但在竖直方向上升力分量虽然增加,但还不能与重力抵消,所以导致起飞性能下降。

3. 脚蹼面积

鸬鹚脚蹼在水面拍击会同时产生竖直方向和水平方向上的力,而脚蹼力在水平方向的分量对鸬鹚在水面起飞的水平速度有一定贡献,从而使起飞距离缩短,实现短距起飞。所以,探究鸬鹚脚蹼对水面起飞过程的影响,可以通过改变鸬鹚脚蹼面积来进行仿真实验,从而对起飞性能的可能影响进行预测。可知鸬鹚脚蹼面积为 118.5 cm²,现取 5 组脚蹼面积,分别为 0 cm²、30 cm²、120 cm²、240 cm²、480 cm²,对五组数据进行仿真,并记录其临界起飞距离,不同脚蹼面积的临界起飞距离对比如图 7.20 所示。

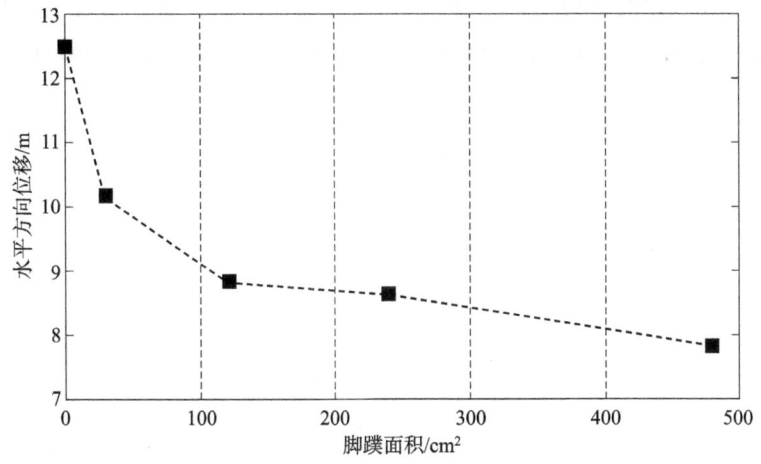

图 7.20 不同脚蹼面积的临界起飞距离对比

从仿真结果发现,增大脚蹼面积可以减小临界起飞距离,但仅在脚蹼面积较小时通过增大脚蹼面积可以明显地提升起飞性能,且随着脚蹼面积的变大,曲线的斜率逐渐减小。对此结果进行分析,当脚蹼面积较小时,脚蹼力在竖直方向和水平方向的贡献也较小,因此达到临界起飞速度的过程较长,但随着脚蹼面积的增加,脚蹼力在竖直方向和水平方向的贡献越来越大。同时为保持在水面上的平衡,竖直方向脚蹼动量的贡献是一定的。所以当脚蹼面积大于某个数值时,为保持这种平衡,脚蹼会调节其自身的运动状态来重新保证脚蹼动量在竖直方向上分量的平衡,因此使脚蹼力在水平方向上分量的贡献几乎保持不变,从而使得较大脚蹼面积的情况下,临界起飞速度的距离随面积变化很少。

7.6　本章小结

本章提出了仿生鸬鹚脚掌的系统设计和控制方案,并完成了试验验证。基于鸬鹚蹼足的骨骼结构和发力特点,设计了基于拘束模的拮抗式新型的仿鸬鹚蹼足推进机构,结合巧妙的刚体设计机构实现脚蹼的开合收缩。实际仿生测量结果验证了前述流固耦合框架数值计算结果,进一步揭示了鸬鹚脚蹼基于升阻力机制的脚蹼拍动机理和基于柔韧脚掌变形减阻姿态自调整的波动机理。最后通过鸬鹚扑翼气动力和脚蹼拍击水面的力进行了数学建模和定量分析,推广建立了鸬鹚等大密度水鸟起飞过程的动力学仿生平台,为探究其他水面大型生物起飞机理提供了定量依据和研究框架,以此来为跨域航行器提供理论依据和最优参数选取原则。

参 考 文 献

[1] Pennycuick C J. Modelling the flying bird[M]. Elsevier,2008.

[2] Withers P C. An aerodynamic analysis of bird wings as fixed aerofoils[J]. Journal of Experimental Biology,1981,90(1):143-162.

[3] 胡宇群. 微型飞行器中的若干动力学问题研究[D].南京:南京航空航天大学,2002.

[4] 陈亮. 仿生扑翼机器人气动理论与实验研究[D].广州:华南理工大学,2014.

[5] 曾锐. 仿鸟微型扑翼飞行器的气动特性研究[D].南京:南京航空航天大学,2004.

[6] Harmon R L. Aerodynamic modeling of a flapping membrane wing using motion tracking experiments[M]. University of Maryland, College Park,2008.

[7] 张鸣远,景思睿,李国君. 高等工程流体力学[M]. 西安:西安交通大学出版社,2006.

[8] Leishman G J. Principles of helicopter aerodynamics with CD extra[M]. Cambridge:Cambridge university press,2006.

[9] Sears W R. Some aspects of non-stationary airfoil theory and its practical application[J]. Journal of the Aeronautical Sciences,1941,8(3):104-108.

[10] 曾锐,昂海松,梅源,等. 扑翼柔性及其对气动特性的影响[J]. 计算力学学报,2005,22(6):750-754.

[11] Delaurier J D. An aerodynamic model for flapping-wing flight[J]. The Aeronautical Journal,1993,97(964):125-130.

[12] Jones R T. The unsteady lift of a wing of finite aspect ratio[M]. Legacy CDMS,1940.

[13] 李凤蔚,宋文萍,杨永. 空气与气体动力学引论[M]. 西安:西北工业大学出版社.2007.

[14] Tucker V A,Parrott G C. Aerodynamics of gliding flight in a falcon and other birds[J]. Journal of Experimental Biology,1970,52(2):345-367.

[15] Earls K D. Kinematics and mechanics of ground take-off in the starling Sturnis vulgaris and the quail Coturnix coturnix[J]. Journal of Experimental Biology,2000,203(4):725-739.

[16] Provini P,Tobalske B W,Crandell K E,et al. Transition from leg to wing forces during take-off in birds[J]. Journal of Experimental Biology,2012, 215(23):4115-4124.

[17] Chen M-W, Sun M. Wing/body kinematics measurement and force and moment analyses of the takeoff flight of fruitflies[J]. Acta Mechanica Sinica,2014,30(4):495-506.

[18] Norberg R Å,Norberg U M. Take-off,landing,and flight speed during fishing flights of Gavia stellata (Pont.)[J]. Ornis Scandinavica,1971:55-67.

[19] Gough W T, Farina S C, FISH F E. Aquatic burst locomotion by hydroplaning and paddling in common eiders (Somateria mollissima)[J]. The Journal of Experimental Biology,2015,218(11):1632-1638.

[20] Clifton G T,Hedrick T L,Biewener A A. Western and Clark's grebes use novel strategies for running on water[J]. The Journal of Experimental Biology,2015,218(8):1235-1243.

[21] Bush J W, Hu D L. Walking on water: biolocomotion at the interface[J]. Annu Rev Fluid Mech,2006,38(1):339-369.

[22] De gennes P-G, Brochard-Wyart F, QUéRé D. Capillarity and wetting phenomena:drops,bubbles,pearls,waves[M]. Springer Science & Business Media,2003.

[23] Hsieh S T, Lauder G V. Running on water: Three-dimensional force generation by basilisk lizards[J]. Proceedings of the National Academy of Sciences,2004,101(48):16784-16788.

[24] Glasheen J, Mcmahon T. A hydrodynamic model of locomotion in the basilisk lizard[J]. Nature,1996,380(6572):340-342.

[25] Glasheen J, Mcmahon T. Vertical water entry of disks at low Froude numbers[J]. Physics of Fluids,1996,8(8):2078-2083.

[26] Lee D, Kim H, Seo T. Experimental study on drag-induced balancing via a static tail for water-running robots[J]. Journal of Bionic Engineering,2016, 13(4):537-543.

[27] Floyd S, Keegan T, Palmisano J. A novel water running robot inspired by basilisk lizards[C]//2006 IEEE/RSJ International Conference on Intelligent Robots and Systems. IEEE, 2006: 5430-5436.

[28] 蔡自兴,谢斌. 机器人学[M]. 北京:清华大学出版社,2000.

[29] Hedrick T L. Software techniques for two-and three-dimensional kinematic measurements of biological and biomimetic systems[J]. Bioinspiration & biomimetics, 2008, 3(3): 034001.

[30] Koffijberg K, Van Eerden M. Sexual dimorphism in the cormorant Phalacrocorax carbo sinensis: possible implications for differences in structural size[J]. ARDEA-WAGENINGEN-, 1995, 83: 37.

[31] Low K, Hu T, Mohammed S. Perspectives on biologically inspired hybrid and multi-modal locomotion[J]. Bioinspiration & biomimetics, 2015, 10(2): 020301.

[32] Sareh S, Siddall R, Alhinai T. Bio-inspired soft aerial robots: Adaptive morphology for high-performance flight[C]//Soft Robotics: Trends, Applications and Challenges: Proceedings of the Soft Robotics Week. Springer, 2016: 65-74.

[33] Fish F. Wing design and scaling of flying fish with regard to flight performance[J]. Journal of Zoology, 1990, 221(3): 391-403.

[34] Dumont E R. Bone density and the lightweight skeletons of birds[J]. Proceedings of the Royal Society B: Biological Sciences, 2010, 277(1691): 2193-2198.

[35] Xue X, Zhao X, Huang J, et al. Experiments and analysis of cormorants' density, wing loading and webbed feet loading[C]//2016 IEEE International Conference on Robotics and Biomimetics (ROBIO). IEEE, 2016: 83-87.

[36] Elliott K H, Ricklefs R E, Gaston A J, et al. High flight costs, but low dive costs, in auks support the biomechanical hypothesis for flightlessness in penguins[J]. Proceedings of the National Academy of Sciences, 2013, 110(23): 9380-9384.

[37] Fish F E. Biomechanics and energetics in aquatic and semiaquatic mammals: platypus to whale[J]. Physiological and Biochemical Zoology, 2000, 73(6): 683-698.

[38] Johansson L C, Lindhe Norberg U M. Asymmetric toes aid underwater swimming[J]. Nature,2000,407(6804): 582-583.

[39] Taylor-Burt K R, Biewener A A. Aquatic and terrestrial takeoffs require different hindlimb kinematics and muscle function in mallard ducks[J]. Journal of Experimental Biology,2020,223(16): jeb223743.

[40] Lighthill M J. Aquatic animal propulsion of high hydromechanical efficiency [J]. Journal of Fluid Mechanics,1970,44(2): 265-301.

[41] Siddall R, Kovač M. Launching the AquaMAV: bioinspired design for aerial-aquatic robotic platforms[J]. Bioinspiration & biomimetics,2014,9(3): 031001.

[42] Davenport J. How and why do flying fish fly? [J]. Reviews in Fish Biology and Fisheries,1994,4: 184-214.

[43] Watanabe Y Y, Takahashi A, Sato K, et al. Poor flight performance in deep-diving cormorants[J]. Journal of Experimental Biology, 2011, 214(3): 412-421.

[44] Cook T R, Leblanc G. Why is wing-spreading behaviour absent in blue-eyed shags? [J]. Animal Behaviour,2007,74: 649-652.

[45] Ma N, Zhang X, Zheng H-T, Sun J. Shufflenet v2: Practical guidelines for efficient cnn architecture design[C]//Proceedings of the European conference on computer vision (ECCV),2018: 116-131.

[46] Goldman J A. Effects of the free water surface on animals that jump out of water[M]. Duke University,2001.

[47] Chang B, Myeong J, Virot E, et al. Jumping dynamics of aquatic animals[J]. Journal of the Royal Society Interface,2019,16(152): 20190014.

[48] Schmidt-Nielsen K. Scaling: why is animal size so important? [M]. Cambridge university press,1984.

[49] Nauwelaerts S, Scholliers J, Aerts P. A functional analysis of how frogs jump out of water[J]. Biological journal of the Linnean Society,2004,83(3): 413-420.

[50] Doube M, Yen S C, Kłosowski M M, et al. Whole-bone scaling of the avian pelvic limb[J]. Journal of Anatomy,2012,221(1): 21-29.

[51] Richards C T, Clemente C J. Built for rowing: frog muscle is tuned to limb morphology to power swimming[J]. Journal of The Royal Society Interface, 2013,10(84): 20130236.

[52] Liang J, Wang T, Wen L. Development of a two - joint robotic fish for real-world exploration[J]. Journal of Field Robotics, 2011,28(1): 70-79.

[53] 张仲志,高飞,宋彬,等. 蛇怪蜥蜴踏水奔跑机理研究及仿生机构设计[J]. 机器人,2016,38(6): 760-768.

[54] Debruyn D, Zufferey R, Armanini S F, et al. Medusa: A multi-environment dual-robot for underwater sample acquisition [J]. IEEE Robotics and Automation Letters,2020,5(3): 4564-4571.

[55] Clifton G T, Carr J A, Biewener A A. Comparative hindlimb myology of foot-propelled swimming birds[J]. Journal of anatomy, 2018, 232(1): 105-123.

[56] Padian K, Chiappe L M. The origin and early evolution of birds[J]. Biological reviews,1998,73(1): 1-42.

[57] Alexander R M. Leg design and jumping technique for humans, other vertebrates and insects[J]. Philosophical Transactions of the Royal Society of London Series B: Biological Sciences,1995,347(1321): 235-248.

[58] Berg A M, Biewener A A. Wing and body kinematics of takeoff and landing flight in the pigeon (Columba livia)[J]. Journal of Experimental Biology, 2010,213(10): 1651-1658.

[59] Garner J P, Taylor G K, Thomas A L R. On the origins of birds: the sequence of character acquisition in the evolution of avian flight [J]. Proceedings of the Royal Society of London Series B: Biological Sciences, 1999,266(1425): 1259-1266.

[60] Dickinson M H, Farley C T, Full R J, et al. How animals move: an integrative view[J]. science,2000,288(5463): 100-106.

[61] Walker J A, Westneat M W. Kinematics, dynamics, and energetics of rowing and flapping propulsion in fishes[J]. Integrative and Comparative Biology, 2002,42(5): 1032-1043.

[62] Vogel S. Modes and scaling in aquatic locomotion[J]. Integrative and Comparative Biology,2008,48(6): 702-712.

[63] Walker J A, Westneat M W. Mechanical performance of aquatic rowing and flying[J]. Proceedings of the Royal Society of London Series B: Biological Sciences,2000,267(1455): 1875-1881.

[64] Alexander R M. Principles of animal locomotion[M]. Princeton university press,2003.

[65] Ribak G, Weihs D, Arad Z. How do cormorants counter buoyancy during submerged swimming? [J]. Journal of Experimental Biology, 2004, 207(12): 2101-2114.

[66] Watanabe Y Y, Sato K, Watanuki Y, et al. Scaling of swim speed in breath-hold divers[J]. Journal of Animal Ecology,2011,80(1): 57-68.

[67] Quintana F, Wilson R P, Yorio P. Dive depth and plumage air in wettable birds: the extraordinary case of the imperial cormorant[J]. Marine Ecology Progress Series,2007,334: 299-310.

[68] Walker J A. Dynamics of pectoral fin rowing in a fish with an extreme rowing stroke: the threespine stickleback (Gasterosteus aculeatus)[J]. Journal of Experimental Biology,2004,207(11): 1925-1939.

[69] Johansson L C, Norberg R Å. Delta-wing function of webbed feet gives hydrodynamic lift for swimming propulsion in birds[J]. Nature,2003,424(6944): 65-68.

[70] 刘磊,于振江,常宗瑜. 仿生划水鸭蹼的水动力学分析[J]. 机电设备,2015,32(4): 32-36.

[71] Ribak G, Swallow J G, Jones D R. Drag-based 'hovering' in ducks: The hydrodynamics and energetic cost of bottom feeding[J]. PloS one,2010,5(9): e12565.

[72] Chang Z, Zheng Z, Tang Y, et al. Biomimetic Propulsion Based on Duck's Feet for Mobile Buoy[J]. Advanced Science Letters,2012,8(1): 744-748.

[73] Johansson L C, Norberg U M L. Lift-based paddling in diving grebe[J]. Journal of Experimental Biology,2001,204(10): 1687-1696.

[74] Glasheen J, Mcmahon T. Size-dependence of water-running ability in basilisk lizards (Basiliscus basiliscus)[J]. Journal of experimental biology,1996,199(12): 2611-2618.

[75] Molland A F, Turnock S R, Hudson D A. Ship resistance and propulsion: Practical estimation of ship propulsive power[M]. Cambridge: Cambridge University Press, 2011.

[76] Abbasov I B, V'Iacheslav V O. Computational Modeling of Multi-Purpose Amphibious Aircraft Be-103[J]. Review of Computer Engineering Research, 2017,4(1): 1-10.

[77] Eubank R D. Autonomous flight, fault, and energy management of the flying fish solar-powered seaplane[D]. Ann Arbor: University of Michigan, 2012.

[78] Maggini I, Kennedy L V, Elliott K H. Trouble on takeoff: crude oil on feathers reduces escape performance of shorebirds[J]. Ecotoxicology and environmental safety, 2017, 141: 171-177.

[79] Huang J, Gong X, Wang Z, et al. The kinematics analysis of webbed feet during cormorants' swimming[C]//2016 IEEE International Conference on Robotics and Biomimetics (ROBIO). IEEE, 2016: 301-306.

[80] Mcphail L T, Jones D R. The relationship between power output and heart rate in ducks diving voluntarily[J]. Comparative Biochemistry and Physiology Part A: Molecular & Integrative Physiology, 1998, 120(2): 219-225.

[81] Alben S, Shelley M. Coherent locomotion as an attracting state for a free flapping body[J]. Proceedings of the National Academy of Sciences, 2005, 102(32): 11163-11166.

[82] Dong H, Mittal R, Najjar F. Wake topology and hydrodynamic performance of low-aspect-ratio flapping foils[J]. Journal of Fluid Mechanics, 2006, 566: 309-343.

[83] Lu X Y, Liao Q. Dynamic responses of a two-dimensional flapping foil motion[J]. Physics of Fluids, 2006, 18(9): 098104.

[84] Li G J, Lu X Y. Force and power of flapping plates in a fluid[J]. Journal of fluid Mechanics, 2012, 712: 598-613.

[85] Liu G, Dong H, LI C. Vortex dynamics and new lift enhancement mechanism of wing-body interaction in insect forward flight[J]. Journal of Fluid Mechanics, 2016, 795: 634-651.

[86] Liu G, Ren Y, Dong H, et al. Computational analysis of vortex dynamics and performance enhancement due to body-fin and fin-fin interactions in fish-like locomotion[J]. Journal of fluid mechanics, 2017, 829: 65-88.

[87] Carling J, Williams T L, Bowtell G. Self-propelled anguilliform swimming: simultaneous solution of the two-dimensional Navier-Stokes equations and Newton's laws of motion[J]. Journal of experimental biology, 1998, 201(23): 3143-3166.

[88] Yan Y, Guan-Hao W, Yong-Liang Y, Bing-Gang T. Two-dimensional self-propelled fish motion in medium: An integrated method for deforming body dynamics and unsteady fluid dynamics[J]. Chinese Physics Letters, 2008, 25(2): 597.

[89] Liu G, Yu Y L, Tong B G. Optimal energy-utilization ratio for long-distance cruising of a model fish[J]. Physical Review E—Statistical, Nonlinear, and Soft Matter Physics, 2012, 86(1): 016308.

[90] Hua R N, Zhu L, Lu X Y. Locomotion of a flapping flexible plate[J]. Physics of Fluids, 2013, 25(12): 121901.

[91] Tang C, Huang H, Gao P. Self-propulsion of a flapping flexible plate near the ground[J]. Physical Review E, 2016, 94(3): 033113.

[92] Tytell E D, Hsu C Y, Williams T L, et al. Interactions between internal forces, body stiffness, and fluid environment in a neuromechanical model of lamprey swimming[J]. Proceedings of the National Academy of Sciences, 2010, 107(46): 19832-19837.

[93] Iaccarino G, Mittal R. Immersed boundary methods[J]. Annu Rev Fluid Mech, 2005, 37: 239-261.

[94] Hou G, Wang J, Layton A. Numerical methods for fluid-structure interaction—a review[J]. Communications in Computational Physics, 2012, 12(2): 337-377.

[95] 冯元桢, 俞稼粲. 生物力学[J]. 力学进展, 1987, 17(1).

[96] Jacobson A, Baran I, Popovic J. Bounded biharmonic weights for real-time deformation[J]. ACM Trans Graph, 2011, 30(4): 78.

[97] Kavan L, Collins S, Žára J. Geometric skinning with approximate dual quaternion blending[J]. ACM Transactions on Graphics (TOG), 2008, 27(4): 1-23.